Histoire naturelle en Estampes

DES QUADRUPÈDES,

Leur ... mœurs et habitudes.

PETITE

HISTOIRE NATURELLE

EN ESTAMPES.

DES QUADRUPÈDES.

LA DANSE DE L'OURS.

PETITE HISTOIRE NATURELLE EN ESTAMPES

des Quadrupèdes

LE CHIEN ET LE CHAT.

Paris

À la Librairie pour la Jeunesse, de Bellavoine, Quai des Augustins, 35.

1830

PRÉFACE.

Le grand succès, si justement mérité, de l'ouvrage intitulé : *Le Cabinet du jeune Naturaliste*, nous a engagés à extraire, des six volumes qui le composent, les principaux articles pour en faire un livre destiné aux enfans, qu'il préparera à des connaissances plus étendues pour un autre âge. Les jolies gravures que nous offrons dans ce recueil plairont infiniment à l'enfance, et l'exciteront à connaître l'histoire des animaux qui s'y trouvent en scène.

Pour la plus grande facilité des familles, nous avons divisé cette petite Histoire naturelle en estampes en trois parties distinctes et séparées. La première contient les quadrupèdes ; la seconde, les oiseaux terrestres et aquatiques ; et la troisième, les poissons, amphibies, reptiles et insectes.

On peut donc offrir aux enfans

chacune de ces trois parties, à mesure qu'ils prennent goût à ces lectures si intéressantes. Nous sommes persuadés que celui à qui on aura mis entre les mains la Petite Histoire naturelle en estampes, après avoir fait connaissance avec les quadrupèdes, sera très-curieux d'avoir les oiseaux, puis ensuite les poissons; et que, parvenu à cet âge où l'on sent le besoin d'étendre ses connaissances, il voudra lire dans son entier le Cabinet du jeune Naturaliste.

LE LION.

PETITE HISTOIRE NATURELLE

EN ESTAMPES.

LE LION.

Un célèbre naturaliste, M. de Buffon, à juste titre surnommé le Pline français, a décrit, de la manière suivante, les formes extérieures de ce mâle habitant des déserts de l'Afrique, que l'on considère comme le roi des animaux. « Le lion, dit cet illustre écrivain, a la figure imposante, le regard assuré, la démarche fière, la voix terrible. Sa taille n'est pas excessive comme celle de l'éléphant ou du rhinocéros; elle n'est ni lourde comme celle de l'hippopotame ou du buffle, ni trop ramassée comme celle de l'hyène ou de l'ours; elle est au contraire si bien prise et si bien proportionnée, que le corps du lion paraît être le modèle de la force jointe à l'agilité. »

La taille du lion varie; elle est de huit à neuf pieds depuis le mufle jusqu'à l'origine de la queue, qui elle-même est longue d'environ quatre pieds; sa tête est couverte de poils longs et touffus, et son cou est orné d'une crinière qui lui couvre le poitrail; mais, sur le reste du corps, son poil est ras et lisse; la couleur générale de ce pelage est fauve sur le dos, blanchâtre sur les côtés et sur le devant.

Le rugissement du lion, lorsqu'il cherche sa proie, ressemble au bruit du tonnerre; il est répété au loin par l'écho des rochers et des montagnes : il épouvante tous les animaux du désert, qui cherchent alors leur salut dans une fuite précipitée.

On prétend qu'en liberté il mange beaucoup à la fois, et qu'il se sustente pour deux ou trois jours.

Sa langue est armée de pointes si dures, qu'elles suffisent seules pour entamer la chair de la victime. Lorsqu'il est en colère ou affamé, il agite sa crinière et se bat les flancs de sa queue : dans cet état, la mort est certaine pour tout ce qui l'approche; mais lorsque sa crinière et sa queue sont tranquilles, et que l'animal est d'une humeur calme, les voyageurs peuvent passer à côté de lui en toute sûreté.

Les naturalistes ont fait observer, en parlant de la force musculaire du lion, qu'un seul coup de sa pate suffit pour casser les reins d'un cheval, et qu'un seul coup de fouet de sa queue renverse l'homme le plus fort. Kolben a fait la remarque que, lorque le lion est parvenu à surprendre sa proie, il commence par la terrasser, et que rarement il l'entame avant de lui avoir donné la mort, ce qu'il fait toujours en poussant des rugissemens affreux.

La lionne est d'un quart environ plus petite que le lion, et dépourvue de cette crinière qui constitue si sensiblement l'extérieur majestueux du mâle. Elle met bas au printemps, époque où elle se retire dans les endroits les plus écartés; produit quatre ou cinq petits de la grosseur d'une belette, qui restent à la mamelle presque l'année entière : pendant ce laps de temps, néanmoins, la mère leur apprend à sucer le sang et à déchirer la chair des animaux qu'elle leur apporte.

La lionne est un parfait modèle d'affection maternelle : quoique naturellement plus faible et moins courageuse que le mâle, elle se montre également formidable et même plus féroce. La lionne, ainsi que le lion, a beaucoup d'agilité : « Elle ne touche, pour emprunter le style élégant de M. Lacépède, la terre que par l'extrémité de ses doigts ; ses jambes, élastiques et agiles, paraissent en quelque sorte quatre ressorts toujours prêts à se détendre pour la repousser loin du sol et la lancer à de grandes distances. Elle saute, bondit, s'élance comme le mâle, franchit comme lui des espaces de douze ou quinze pieds ; sa vivacité est même plus grande, sa sensibilité plus ardente, son désir plus véhément, son repos plus court, son départ plus brusque, son élan plus impétueux ».

Quand elle a des petits, elle est extrêmement soigneuse de cacher l'endroit de sa retraite, dans la crainte d'être découverte ; elle efface même avec sa queue la trace de ses pas ; et souvent, lorsqu'elle conçoit quelques alarmes pour la sûreté de ses lionceaux, elle les transporte ailleurs : s'il s'agit de les défendre, elle ne connaît plus le danger, et se jette indifféremment sur les hommes et sur les animaux.

Lorsqu'elle a perdu ses petits, elle poursuit ceux qui les lui ont enlevés, et les suit même à quelque distance dans la mer, ou à travers les précipices les plus dangereux.

Le lion ne chasse que de l'œil, parce qu'il a le flair moins délicat que celui de la plupart des autres animaux. Ce fut probablement à ce défaut de flair chez les lions, que Mungo-Park dut son salut dans son périlleux voyage à travers le continent intérieur de l'Afrique.

Ce voyageur rapporte qu'en traversant un désert il aperçut un lion énorme étendu sur le sable, reposant son mufle sur ses pates alongées, et dormant à l'ardeur du soleil les yeux à demi ouverts : quoiqu'il fût très-effrayé de cette rencontre, il eut cependant la précaution de retourner sur ses pas pour se cacher derrière des buissons. Mungo-Park n'en eût pas été quitte, suivant toutes les apparences, pour la peur, si ce terrible animal eût été doué de cet odorat exquis que possèdent la plus grande partie des quadrupèdes.

Un lion emporte dans sa gueule un veau avec autant de facilité qu'un chat porte une souris; il franchit un fossé très-large avec beaucoup d'aisance, quoique tenant toujours cet animal entre ses dents.

Le docteur Sparmann raconte que des colons, faisant un jour une partie de chasse avec plusieurs Hottentots, ils aperçurent un lion qui traînait un buffle, d'une plaine vers un bois situé sur une montagne voisine; ils l'obligèrent à quitter sa proie, dans le dessein de s'en emparer eux-mêmes, et reconnurent que le lion avait eu la sagacité d'enlever du buffle ses entrailles, pour emporter plus facilement le cadavre de cet énorme animal, qui est généralement de huit pieds de long sur cinq de haut.

Il est un fait établi par le témoignage de différens écrivains, c'est que le lion préfère la chair du Hottentot à celle de toute autre créature, et qu'on en a vu choisir un de ces sauvages parmi un grand nombre de Hollandais.

Un des Hottentots de Namaaqua, qui ont leur demeure établie à environ quatre-vingts lieues du nord du cap de Bonne-Espérance, voulant conduire le troupeau de son maître dans un marais situé entre deux chaînes de rochers, découvrit un lion tapi au milieu des joncs et des roseaux. Saisi de frayeur à la vue de cet animal, il prit aussitôt la fuite, et eut assez de présence d'esprit pour traverser le troupeau, dans l'espoir que, si le lion le poursuivait, il s'arrêterait pour attaquer le premier animal qu'il rencontrerait sur ses pas : le lion s'élança au milieu du bétail en allant droit au Hottentot, qui, s'apercevant que cette terrible bête l'avait choisi pour victime, grimpa, à demi mort et pouvant à peine respirer, sur un aloès, dans le tronc duquel on avait creusé quelques marches pour parvenir plus aisément à des nids supportés sur son branchage.

Il est bon d'observer que ces nids appartenaient à une espèce d'oiseaux du genre des loxia, qui vivent en état de société, et établissent en masse et sous un seul abri une république entière, logée sur des aires de dix pieds de diamètre, et qui comprend une population de plusieurs centaines d'individus.

Le Hottentot se plaça derrière un groupe de ces nids, pour se dérober à la vue de son implacable ennemi. Au moment où il grimpait sur l'arbre, le lion s'élança vers lui; mais, ayant manqué son but, il se promena tout autour de l'arbre dans le plus morne silence, en jetant par intervalles un regard effrayant sur le pauvre Africain. Celui-ci, après être resté longtemps immobile, se hasarda à vouloir regarder à travers les branches de l'arbre, dans l'espoir que son ennemi s'était éloigné; mais, à son grand étonnement, ses yeux effrayés rencontrèrent ceux de l'animal, qui lui semblèrent étinceler de rage. Le lion se coucha alors au pied de l'arbre, où il resta sans bouger de place pendant vingt-quatre heures; mais, pressé par la soif, il alla se désaltérer à une source située à une certaine distance de là. Le Hottentot, saisissant cette occasion, descendit de l'arbre en tremblant, et se rendit avec toute la vitesse dont il était capable à sa maison, qui n'était éloignée que d'un mille de l'arbre où il s'était tenu blotti, et y arriva sain et sauf. Il paraît que son ennemi était revenu auprès de l'arbre, et que, le voyant échappé, il lui avait donné la chasse jusqu'à près de trois cents pas de sa demeure.

Malgré la férocité du lion dans l'état de nature, on est parvenu à en apprivoiser en les prenant tout jeunes et les élevant en liberté. A Darfur, royaume situé dans l'intérieur de l'Afrique, le sultan avait un lion si familier, qu'il allait avec son gardien au marché. On a amené en Angleterre une lionne si privée, que, pendant tout le temps du voyage, les matelots, à bord du navire qui la transportait, étaient dans l'habitude de se reposer sur son corps comme sur un traversin. Arrivée à Londres, elle fut conduite à la tour par une personne qui la tenait simplement en laisse ; elle était tellement affectionnée à cette personne, que lorsqu'elle en fut séparée, elle devint fort chagrine, et refusa de prendre aucune nourriture jusqu'au moment où le gardien étant entré dans sa loge avec un chien, la lionne prit aussitôt la petite bête en affection ; et il s'établit entre eux la plus parfaite harmonie. Cet attachement du lion est encore prouvé par ce qu'on lit dans l'ouvrage intitulé : *les Animaux célèbres* (1), relativement à ceux qu'on voyait en 1800 au Jardin du Roi, à Paris, et qui avaient été amenés de Constantinople par Félix, nommé gardien de la ménagerie. « Depuis quelques jours, Félix était malade et ne paraissait plus ; un autre avait pris sa place, et en remplissait les

---

(1) Deux volumes in-12, à Paris, chez *Louis*, libraire. Prix : 5 fr.

fonctions auprès des animaux. Aucun d'eux ne paraissait s'apercevoir de ce changement, si ce n'est le lion, qui, triste, solitaire, restait continuellement accroupi au fond de sa loge, ne voulant point recevoir les soins de l'étranger. Sa présence lui était importune, et, du fond de sa loge, il le menaçait par de sourds rugissemens. La société même de sa femelle lui déplaisait, ou du moins il ne faisait plus attention à elle. L'inquiétude, la souffrance intérieure de cet animal, firent croire qu'il était véritablement atteint de maladie; mais personne n'osait l'approcher. Enfin le jour vint où Félix, étant rétabli, sort pour lui rendre visite; il veut jouir de la surprise de son lion, et, se glissant bien doucement le long de la loge, il avance seulement la tête contre la grille : le voir et faire un bond jusqu'à lui, ne fut pour le lion qu'un seul et même mouvement; il se

dresse contre Félix, le presse de ses pates, lui lèche les mains, le visage, et rugit de plaisir. La femelle, joyeuse, accourt aussi; le lion la repousse, il se fâche, il craint qu'elle ne lui dérobe des faveurs dont il est jaloux. Une rixe allait s'élever, mais Félix entre dans la loge pour contenter l'un et l'autre, il les caresse tour à tour, et reçoit alternativement leurs caresses. On a vu fréquemment Félix au milieu de ce couple redoutable, dont il avait su enchaîner la puissance; il conversait tantôt avec le mâle, tantôt avec la femelle; il les flattait, il les baisait sur le mufle. Voulait-il qu'ils se séparassent, et que chacun se retirât dans sa loge? il n'avait qu'à dire un mot. Désirait-il qu'ils se couchassent à la renverse pour montrer aux assistans leurs pates armées de griffes terribles et leurs gueules hérissées de dents menaçantes ? au moindre signe ils se mettaient sur le dos, tendaient complaisamment leurs pates l'une après l'autre, ouvraient la gueule, et pour récompense obtenaient la faveur de lui lécher la main.

Plusieurs chiens ont vécu familièrement avec des lions à la ménagerie du Jardin du Roi, à Paris ; et l'on voit encore aujourd'hui une lionne qui a dans sa loge un petit barbet qu'on lui a donné pour société. Elle paraît l'aimer beaucoup ; elle se plaît à ses jeux ; elle s'amuse de ses caprices ; et, sensible à ses caresses, attentive à ses besoins, elle est satisfaite quand elle le voit auprès d'elle, et triste lorsqu'on le lui ôte pendant quelques momens. Les lions qu'on admire aujourd'hui dans cette superbe ménagerie, sont ceux de l'Atlas ; ils ont été envoyés en présent au gouvernement par l'empereur de Maroc et le dey d'Alger ; ils se sont accouplés, et l'une des lionnes a plusieurs fois fait des petits ; mais ces lionceaux n'ont point survécu à la dentition.

« A la fierté, au courage et à la force, dit M. de Buffon, le lion joint la noblesse, la clémence et la magnanimité. » Voici un fait que l'histoire a recueilli : vers la fin du dix-huitième siècle, un lion s'était échappé de la ménagerie du grand duc de Florence, et courait dans les rues de la ville ; l'épouvante se répand de tous côtés, et tout fuit devant lui. Une femme, qui emportait son enfant dans ses bras, le laisse tomber en courant ; le lion le prend dans sa gueule : la mère, éperdue, se jette à genoux devant l'animal, et lui demande son enfant avec des cris déchirans. Le lion s'arrête, la regarde fixement, remet l'enfant à terre sans lui faire aucun mal, et s'éloigne.

Les Français avaient autrefois au fort Saint-Louis une lionne qu'ils tenaient enchaînée ; mais la pauvre captive avait été réduite à un tel état de maigreur par le gonflement de la mâchoire, que les habitans du fort s'imaginèrent qu'elle allait mourir; ils lui ôtèrent en conséquence sa chaîne, et la jetèrent dans un champ voisin. Là, elle fut trouvée par M. Compagnon, auteur des voyages de la Natolie, qui passait par hasard dans ce champ à son retour de la chasse. M. Compagnon fut touché des souffrances de cette bête, et après avoir lavé sa gueule avec de l'eau fraîche, il lui versa dans la gorge une petite quantité de lait. Ce breuvage produisit un effet sensible sur la malade, qui fut reconduite au fort et recouvra par degrés la santé. L'obligeance de son bienfaiteur fit concevoir à la lionne un tel attachement pour lui, qu'elle ne voulut plus rien prendre qui ne vînt de sa main; et lorsqu'elle fut parfaitement guérie, il lui arriva plus d'une fois de le suivre dans l'île, en laisse comme le chien le plus familier.

Hannon, Carthaginois, fut le premier qui dompta un lion, et ses concitoyens le condamnèrent à mort, disant que la république avait tout à craindre de celui qui avait su vaincre tant de férocité.

Le triumvir Marc-Antoine eut l'orgueil de parcourir les rues de Rome dans un char attelé de plusieurs lions.

Les naturalistes ne sont pas d'accord sur l'âge auquel peut atteindre ce majestueux animal. Buffon, raisonnant d'après le temps qu'il lui faut pour acquérir son accroissement complet, avait jugé que ce quadrupède devait aller au plus à vingt-cinq ans; mais M. Shaw, auteur d'une nouvelle zoologie, rapporte des exemples de lions que l'on prétend qui ont vécu à la tour de Londres, l'un soixante-trois et l'autre soixante-dix ans.

LE TIGRE.

Cet animal peut être rangé, sans contredit, parmi les plus beaux des quadrupèdes ; sa peau, d'un fauve très-vif sur toutes les parties du corps, est blanche à la gorge et au ventre, et également marquée de longues bandes transversales sur les flancs. Le tigre tient la seconde place parmi les animaux carnassiers ; mais on observe avec beaucoup de raison que, tandis qu'il n'a aucune des bonnes qualités du lion, il en a toutes les mauvaises. « Il est bassement féroce, dit M. de Buffon, cruel sans justice, c'est-à-dire sans nécessité ; il ne craint ni l'aspect ni les armes de l'homme ; il désole le pays qu'il habite ; il égorge, il dévaste les troupeaux d'animaux domestiques, met à mort toutes les bêtes sauvages, attaque les petits éléphans, les jeunes rhinocéros, et ose quelquefois braver le lion. »

Lorsqu'il vient de déchirer le corps de sa victime, c'est pour y plonger la tête et pour sucer à longs traits le sang dont il vient d'ouvrir la source, qui tarit toujours avant que sa soif ne s'éteigne.

Le tigre, pour s'assurer de sa proie, se cache à tous les regards, et s'élance d'un bond prodigieux sur sa victime, en poussant, comme le lion, des rugissemens affreux : il semble préférer la chair de l'homme à celle de toute autre proie ; mais il s'expose rarement à attaquer de vive force tout être dont il n'est pas sûr de triompher.

LE TIGRE.

Il y a quelques années qu'une compagnie, assise à l'ombre sur les bords d'une rivière dans le Bengale, fut alarmée par l'apparition subite d'un tigre qui se préparait à s'élancer sur elle; mais une dame de la société ayant eu l'incroyable présence d'esprit de déployer son parasol sous le nez de l'animal, il prit aussitôt la fuite, comme s'il eût été saisi d'effroi à la vue de cet objet extraordinaire pour lui, et leur fournit l'occasion de s'échapper.

Un trompette, qui dormait pendant la nuit près de la tente d'un général dans une guerre de la Russie contre la Perse, ayant été saisi par un tigre, dut aussi son salut à la présence d'esprit qu'il eut de sonner de son instrument. Le tigre, étonné de ce bruit qui lui était étranger, lâcha sa proie et disparut.

Cet animal carnassier, lorsqu'il est pris jeune, devient, jusqu'à un certain point, susceptible de s'apprivoiser et d'obéir à ses gardiens; en voici un exemple :

Un très-beau tigre, amené du Bengale en 1793, pour la ménagerie royale de Londres, montra le naturel le plus doux, et parut aussi innocent et aussi enjoué qu'un petit chat, tout le temps de sa traversée pour l'Angleterre; il souffrait quelquefois que deux ou trois matelots reposassent leur tête sur son corps comme sur un oreiller. Il grimpait aussi fort souvent le long de la mâture du vaisseau, de la manière la plus divertissante; et un jour qu'il fut battu par le charpentier du navire pour avoir dérobé un morceau de bœuf, il endura ce châtiment avec la patience d'un chien de chasse. Il est digne de remarque que cet animal, quoique captif dans sa loge, continue toujours à être singulièrement privé, qu'il n'a jamais donné de preuve d'un mauvais naturel, ni fait de mal à personne : il paraît extrêmement attaché à son gardien, auquel il obéit de la manière la plus soumise. Ce quadrupède fait une exception bien évidente à la règle générale posée par M. de Buffon, que « le tigre est peut-être le seul des animaux dont on ne peut fléchir le naturel; que ni la force, ni la crainte, ni la violence ne peuvent le dompter; qu'il s'irrite des bons traitemens comme des mauvais; que la douce habitude, qui peut tout, ne peut rien sur cette nature de fer; que le temps, loin de l'amollir en tempérant ses mœurs féroces, ne fait qu'aigrir le fiel de sa rage; qu'il déchire la main qui le nourrit, comme celle qui le frappe ».

En 1801, le gardien mit un jour dans la loge du tigre, un instant après qu'il s'était repu, un chien basset noir fort vilain; le tigre ne lui fit aucun mal, et conçut par la suite tant d'attachement pour lui, qu'il montrait de l'humeur toutes les fois qu'on lui enlevait cet animal pour lui donner à manger, et qu'il témoignait sa joie à son retour, en le léchant sur toutes les parties du corps avec beaucoup de ménagement. Le basset fut laissé deux ou trois fois dans sa loge, et toujours pendant qu'on servait au tigre sa nourriture; il se hasardait à manger avec lui, sans que cet animal féroce témoignât le moindre mécontentement de cette liberté. Le basset, après un séjour de plusieurs mois avec le tigre, en fut séparé pour faire place à une petite chienne carline, que l'on eut la précaution d'enfermer pendant deux ou trois jours au milieu de bottes de paille destinées à faire la litière du tigre, pour purger cette petite bête de toute espèce d'odeur qui aurait pu offenser l'odorat de l'animal. L'échange se fit après que le tigre eut pris sa nourriture; il parut très-content de sa nouvelle compagnie, et se mit aussitôt à lécher la chienne comme il avait fait du basset. Cette petite bête témoigna d'abord les plus vives alarmes de se trouver avec un être aussi formidable; mais avant la fin du jour elle s'accoutuma à sa situation.

On l'a vue souvent jouer avec le tigre, aboyer après lui, et même le mordre à la pate et au mufle, sans exciter en lui le moindre ressentiment et le moindre déplaisir. Pendant le temps que cette chienne était dans l'habitude de faire sa visite journalière au tigre, il arriva qu'elle devint pleine, et lorsqu'elle eut mis bas, elle fut obligée de faire une absence de deux ou trois jours; dans cet intervalle, le tigre parut très-agité et de fort mauvaise humeur, comme il le fut toujours depuis, toutes les fois qu'elle mettait plus de temps qu'à l'ordinaire à allaiter ses petits.

Le charpentier du vaisseau, qui fit la traversée avec ce tigre, vint le voir un jour à la tour, après une absence de plus de deux ans. L'animal le reconnut parfaitement, alla et revint dans sa cage en se frottant contre ses barreaux, et parut très-satisfait. Malgré l'invitation que le gardien fit au charpentier de ne pas s'exposer imprudemment à quelque danger, cet homme le pressa tellement de lui ouvrir la porte, qu'à la fin il le laissa entrer.

L'animal parut éprouver des émotions qui tenaient de la plus vive reconnaissance; il se frotta contre lui, lui lécha les mains, lui fit des caresses à la manière des chats, et ne tenta en aucune façon de lui faire du mal. L'homme resta avec lui pendant plus de deux à trois heures, et s'aperçut enfin qu'il éprouverait quelque difficulté à sortir seul de la loge. Telle était l'affection de l'animal pour son ancienne connaissance, il se tenait si près de sa personne, que le charpentier voyait l'impossibilité la plus absolue de s'en aller. A la fin, cependant, il parvint à faire entrer le tigre dans le passage qui sert de communication aux deux loges, et le gardien, saisissant cette occasion, tira adroitement la coulisse, et vint à bout de séparer le tigre du charpentier.

La ménagerie du Jardin du Roi, à Paris, possède deux tigres, mâle et femelle, qui ont été achetés à Londres. Voici ce qu'on lit à leur égard dans le bel ouvrage publié par MM. de Lacépède et Cuvier :

« On voit quelquefois le lion et la lionne oublier leurs fers, l'un auprès de l'autre, s'abandonner à leur bien-être, se livrer à une gaieté folâtre, jouer, se rouler et bondir. Le tigre et sa femelle, isolés, tristes, ayant l'air de méditer sans cesse le carnage ou leur évasion, presque immobiles sur leurs pieds, ou couchés comme dans une sorte de contrainte pénible et de rêverie sinistre, ne sortent de cet état d'anxiété et de silence sombre, que pour ressentir une joie féroce à la vue des alimens qui leur sont destinés. Alors ils deviennent furieux. Toute leur cruauté se réveille; ils se jettent sur ces alimens comme ils se jetteraient sur une proie vivante, et, ne cessant jamais de craindre qu'on n'arrache cette nourriture à leur voracité sanguinaire, ils cherchent à écarter tout ennemi par un rugissement effrayant. Ils font entendre ces sons terribles après avoir dévoré leur nourriture, ou rejeté leurs fétides excrémens. Le tigre les fait encore entendre lorsque quelqu'un s'approche de lui. Il jette un cri soudain, et ne se souvenant pas que des grilles arrêtent les efforts de sa rage, il s'apprête à déchirer celui dont la présence l'importune. Quelquefois, cependant, plongé dans une sorte de morne tristesse, il ne fait aucune attention aux mouvemens de ceux qui l'entourent; mais il sort bientôt de cette apathie

L'HYÈNE.

pour reprendre ses habitudes farouches et son humeur sanguinaire... Quelque accoutumé que soit son gardien à maîtriser et même à radoucir les animaux carnassiers et féroces, il n'ose entrer ni dans la loge du mâle, ni dans celle de la femelle. Il est cependant parvenu à les faire obéir à quelques-uns de ses ordres. Il les force à se coucher quand ils sont debout, et à se lever quand ils sont couchés : mais ils ne cèdent qu'en grondant, ils n'obéissent qu'avec lenteur ; et, pour leur imposer cette soumission involontaire, il faut qu'il grossisse sa voix, qu'il crie avec force, qu'il les menace d'un fouet redoutable. »

L'HYÈNE.

L'HYÈNE est à peu près de la grosseur d'un chien de forte taille ; elle a le poil d'un brun grisâtre, marqué de différentes bandes tirant sur le noir ; sa tête est large et plate, et ses yeux ont l'expression d'une grande férocité ; cet animal a le poil du cou rebroussé, et qui forme, en se hérissant, une crinière oblongue jusque sur le dos. L'aspect général de l'hyène dénote une sombre disposition à la méchanceté, et ses mœurs s'accordent parfaitement avec cette apparence. Son cou est si roide, que, pour regarder derrière lui, l'animal est obligé de tourner tout son corps à la manière du pourceau.

Les hyènes habitent, en général, les cavernes et les lieux garnis de rochers, d'où elles sortent pendant la nuit pour se nourrir de charogne, ou de tous les animaux vivans dont elles peuvent s'emparer; elles commettent souvent de grands ravages parmi les bestiaux dont elles forcent les étables; elles violent aussi l'asile des morts pour dévorer des cadavres putréfiés, et se plaisent au milieu de l'infection des tombeaux. « Quand l'hyène ne peut satisfaire, dit Poiret, son appétit carnassier, elle devient frugivore et se nourrit de racines, principalement de rejetons des petits palmiers en éventails. »

On prétend que son courage égale sa férocité, car un individu de son espèce se défend quelquefois avec beaucoup d'obstination contre des animaux beaucoup plus forts; et Kempfer rapporte qu'il a vu souvent de ces animaux attaquer l'once ou la panthère.

« Ces quadrupèdes, dit M. Bruce, sont un véritable fléau pour l'Abyssinie; on en voit partout, dans les villes comme dans les campagnes, et je suis sûr qu'il y en a plus que de moutons. Du matin au soir, Gondar est rempli d'hyènes qui viennent dévorer les cadavres que les habitans de cette ville, aussi cruels que malpropres, laissent sans sépulture, dans la persuasion que ces animaux sont des falasha ou mauvais génies transformés par un pouvoir magique, et qui descendent des montagnes voisines pour se nourrir, dans l'obscurité et sans crainte, de chair humaine. Souvent la nuit, lorsque le roi m'avait retenu très-tard dans son palais, que je n'étais pas de service pour y coucher, et qu'ensuite je voulais me retirer en traversant une place qui n'était éloignée que de trois ou quatre cents verges, je craignais qu'elles n'accourussent pour me mordre les jambes : elles venaient gronder autour de moi en grand nombre, quoique je fusse entouré de plusieurs hommes armés, qui, toutes les nuits, tuaient ou blessaient quelques-unes de ces bêtes féroces.

« Une nuit, j'étais, dans la province de Maifsha, très-occupé à faire une observation astronomique, lorsque j'entendis passer quelque chose derrière moi près de mon lit; je me retournai et ne pus rien voir. Ayant achevé ce que je faisais, je sortis de ma tente, bien résolu d'y retourner très-promptement. En effet j'y rentrai tout de suite, et j'aperçus deux gros yeux bleus attachés sur moi; je criai à mon domestique de m'apporter de la lumière, et nous vîmes une hyène à côté du chevet de mon lit, tenant dans sa bouche deux ou trois paquets de chandelles. Tirer sur cette bête, c'eût été m'exposer à briser mon quart de cercle ou quelque autre instrument; comme l'animal avait la bouche pleine, et qu'il avait aussi les griffes embarrassées, je n'eus pas peur de lui, et d'un coup de lance je le frappai aussi près du cœur que je le pus : jusqu'alors il n'avait pas montré le moindre signe de fureur; mais, dès qu'il se sentit blessé, il laissa tomber les chandelles et chercha à remonter le long du fût de la lance pour arriver à moi. Je me vis obligé de tirer un de mes pistolets de ma ceinture et de lui lâcher mon coup; presqu'aussitôt mon domestique lui fendit la tête d'un coup de hache. Les hyènes, en un mot, faisaient le tourment de ma vie et de celle de mes compagnons de voyage; elles jetaient la terreur parmi nous, dans nos promenades nocturnes, et dévoraient sans cesse quelques-uns de nos mulets et de nos ânes, qu'elles recherchent de préférence à toute autre nourriture. »

A Darfur, ces quadrupèdes vont, en

troupeaux de six, huit, et quelquefois plus, enlever, pendant la nuit, dans des villages, ce qu'ils peuvent saisir. Ils tuent les chiens et même les ânes dans l'intérieur des habitations, et toutes les fois qu'on jette à la voirie une bête morte, ils s'assemblent, et, réunissant leurs forces, l'entraînent à une distance considérable. Ils ne se laissent intimider ni par l'approche des hommes ni par le bruit des armes à feu.

Il y a eu des exemples de jeunes animaux de cette espèce qui ont été apprivoisés. M. de Buffon parle d'une hyène que l'on faisait voir à Paris, à la foire Saint-Germain, et qu'on était parvenu à dépouiller entièrement de sa férocité naturelle.

A la ménagerie anglaise d'Exeter-Orange, il y en avait une si privée lorsqu'elle n'avait que six mois, que souvent on la laissait courir dans la salle de l'exposition. Elle aimait à jouer avec tous les chiens qui se trouvaient dans la pièce, et permettait aux étrangers de l'approcher et de la toucher, sans manifester le moindre déplaisir ; cependant on remarqua alors dans elle un caractère dur et farouche qui s'accrut avec l'âge, et l'on fut obligé de la tenir enfermée.

L'hyène, que l'on voit dans la présente année 1829, à la ménagerie du Jardin du Roi, à Paris, est absolument féroce ; elle semble haïr son gardien plus encore que toute autre personne, et il suffit qu'elle l'aperçoive pour qu'elle entre en fureur. Cependant ce même gardien en avait autrefois une si douce qu'il la laissait libre dans sa chambre, et il s'y fiait si bien qu'il lui nettoyait lui-même les dents lorsqu'elle avait dévoré quelque animal. Buffon parle aussi, dans son supplément, d'une hyène qui connaissait son maître et qui lui obéissait avec docilité.

On sait quels ravages fit en France, en

LE LOUP.

1764, la fameuse bête du Gévaudan : c'était une hyène de l'île de Méroé, que l'on amenait à la ménagerie du roi, et qui s'échappa en débarquant du vaisseau qui la transportait. Pour la détruire, il fallut faire un rassemblement d'hommes armés, dont plusieurs furent victimes de leur courage. Enfin un nommé Antoine, qui était parti exprès de Versailles, eut la gloire de la tuer au moment où elle allait passer la rivière de l'Ardèche.

LE LOUP.

Cet animal est beaucoup plus gros et plus musculeux que le chien ; la longueur de son corps est ordinairement de trois pieds et demi, tandis que celle du chien le plus fort excède rarement celle de trois pieds ; en général la couleur de son poil est un mélange de noir, de brun et de gris de fer, quoique dans le Canada il soit entièrement noir, et presque tout blanc dans quelques autres contrées. Le loup a la tête longue, le nez effilé, les dents énormes et des oreilles étroites et pointues ; ses yeux, obliquement relevés, sont étincelans et d'une couleur verte : son aspect annonce une extrême férocité. La longueur du poil de cet animal augmente la grosseur apparente de son volume, et sa queue est longue et touffue.

« Le loup, dit M. de Buffon, est un de ces animaux dont l'appétit pour la chair est le plus véhément ; et, quoiqu'avec ce goût il ait reçu de la nature le moyen de le satisfaire, qu'il lui ait été donné des armes, de la ruse, de l'agilité, de la force, tout ce qui est nécessaire, en un mot, pour trouver, attaquer, vaincre, saisir et dévorer sa proie, cependant il meurt souvent de faim, parce que l'homme lui ayant déclaré la guerre, l'ayant même proscrit en mettant sa tête à prix, le force à fuir et à demeurer dans les bois, où il ne trouve que quelques animaux sauvages qui lui échappent par la vitesse de leur course, et qu'il ne peut surprendre que par hasard ou par patience, et les attendant longtemps, et souvent en vain, dans les endroits où ils doivent passer. Il est naturellement grossier, poltron; mais il devient ingénieux par besoin et hardi par nécessité; pressé par la famine, il brave le danger, vient attaquer les animaux qui sont sous la garde de l'homme, ceux surtout qu'il peut em-

porter aisément, comme les agneaux, les petits chiens, les chevreaux. »

Dans les pays où les loups sont nombreux, ils descendent par troupeaux des montagnes, ou sortent des bois par bandes pour commettre d'horribles dévastations. Ces attroupemens infestent tous les villages, enlèvent de vive force les moutons, les agneaux, les cochons, les veaux, et même les chiens; car dans ces circonstances toute espèce de nourriture animale leur convient. Le cheval et le bœuf, seuls quadrupèdes domestiques qui puissent opposer quelque résistance à ces ennemis, succombent souvent sous leur nombre et leurs assauts répétés; souvent l'homme lui-même, dans ces occasions, est victime de leur voracité; on ne parvient à les expulser que lorsqu'on en a tué un grand nombre; et quand ils sont obligés de fuir, ils reviennent bientôt à la charge. Ceux qui ont goûté une fois de la chair humaine, cherchent toujours ensuite à attaquer l'homme, et préfèrent évidemment le berger à son troupeau.

Quoique le loup soit si glouton qu'il remplit quelquefois son estomac de fange ou de terre, et dévore sa propre espèce quand il est pressé par la faim, cependant sa férocité ne triomphe jamais de l'extrême sagacité et de l'extrême finesse dont il est doué; toujours soupçonneux, toujours défiant, il s'imagine que tout ce qu'il voit est un piége dressé pour le prendre : s'il trouve une chèvre qu'on a attachée à un poteau pour la traire, il n'ose en approcher, craignant qu'on ait placé là cet animal pour lui jouer pièce ; mais la chèvre n'est pas plus tôt mise en liberté qu'il la poursuit et la dévore.

« La durée de la gestation d'une louve est de trois mois et demi, dit M. de Buffon; lorsqu'elles sont prêtes à mettre bas, elles cherchent au fond du bois un fort, un endroit bien fourré, au milieu duquel elles applanissent un espace assez considérable, en coupant et en arrachant les épines avec les dents ; elles y apportent ensuite une grande quantité de mousse, et préparent un lit commode pour leurs petits : elles en font ordinairement cinq ou six, quelquefois sept ou huit, et même neuf, et jamais moins de trois; ils naissent les yeux fermés comme les chiens ; la mère les allaite pendant quelques semaines, et leur apprend bientôt à manger de la chair, qu'elle leur prépare en la leur mâchant; quelque temps après, elle leur apporte des mulots, des levrauts, des perdrix, des volailles vivantes. Les louveteaux commencent par jouer avec ces volailles, et finissent par les étrangler; la louve ensuite les déplume, les écorche, les déchire, et en donne une part à chacun. Ils ne sortent du fond où ils ont pris naissance qu'au bout de six semaines ou deux mois; ils suivent alors leur mère, qui les mène boire dans quelque tronc d'arbre, ou à quelque mare voisine ; elle les ramène au gîte ou les oblige à se recéler ailleurs, lorsqu'elle craint quelque danger. Ils la suivent ainsi pendant plusieurs mois. Quand on les attaque, elle les défend de toutes ses forces, et même avec fureur, quoique dans les autres temps elle soit, comme toutes les femelles, plus timide que le mâle. Lorsqu'elle a des petits, elle devient intrépide, semble ne rien craindre pour elle, et s'expose à tout pour les sauver : aussi ne l'abandonnent-ils que quand leur éducation est faite, quand ils se sentent assez forts pour n'avoir plus besoin de secours ; c'est ordinairement à dix mois ou un an, lorsqu'ils ont refait leurs premières dents, qui tombent à six mois, et lorsqu'ils ont acquis de la force, des armes, et des talens pour la rapine. »

On ne lira pas sans quelque intérêt l'aventure singulière qui se passa dans l'Amérique septentrionale entre le général Putnam et l'un de ces animaux féroces. Quelque temps après que ce général se fut retiré dans le Connecticut, les loups, qui alors étaient fort nombreux dans cette province, entrèrent un jour dans un parc à moutons, et tuèrent soixante-dix de ces bêtes à laine, tant brebis que béliers, sans compter le massacre qu'ils firent de plusieurs agneaux et cabris. Cet affreux ravage fut commis par une louve qui, avec ses louveteaux de chaque portée, infestait depuis plusieurs années le voisinage ; ses nourrissons étaient en général détruits par la vigilance des chasseurs, mais la mère avait trop de sagacité et de finesse pour venir à portée de fusil ; lorsqu'on la poursuivait de près, elle avait l'habitude de s'enfuir dans les forêts occidentales du pays, et de revenir, la saison suivante, avec une autre ventrée.

Cet animal, à la fin, causa des dommages tellement considérables, que M. Putnam et ses voisins convinrent entr'eux de lui donner alternativement la chasse jusqu'à ce qu'ils fussent parvenus à la tuer. Personne n'ignorait dans le pays que cette louve ayant eu le doigt d'un pied coupé, dans un piége d'acier, faisait une enjambée plus courte que l'autre ; les chasseurs reconnurent à cet indice ses traces sur la neige. Après l'avoir suivie jusqu'à la rivière du Connecticut, et s'être assurés qu'elle était retournée à son point de départ, ils revinrent sur leurs pas, et le lendemain matin, les chiens la forcèrent de se réfugier dans une caverne située à environ trois milles de la maison de M. Putnam. Tous les gens du canton se réunirent aussitôt accompagnés de leurs chiens, armés de fusils, et munis de paille, de feu et de soufre, pour attaquer leur ennemi commun : différentes tentatives furent faites pour le déloger de cet antre sauvage ; mais les chiens revinrent blessés ou intimidés, et ni la fumée de la paille à laquelle on avait mis le feu, ni les vapeurs du soufre enflammé, ne purent parvenir à lui faire quitter sa retraite. Fatigué de tous ces essais inutiles, et qui duraient depuis près de douze heures, M. Putnam proposa à son nègre de descendre dans ce souterrain, et de tirer un coup de fusil à la louve ; mais, sur le refus de ce domestique de remplir une mission aussi périlleuse, le général prit la résolution de tuer de ses propres mains ce cruel animal, de peur qu'il ne parvînt à s'échapper par quelques fentes ou crevasses inconnues du rocher.

S'étant pourvu en conséquence de plusieurs bandes d'écorce de bouleau pour s'éclairer dans cette caverne ténébreuse, il quitta ses habits, et, s'étant attaché aux jambes une corde au moyen de laquelle il était possible de le tirer en arrière à un signal convenu, il entra dans cette grotte, la tête la première, tenant à la main une torche allumée. L'ouverture de la caverne, qui donne sur le côté oriental d'une haute chaîne de rochers, est d'environ deux pieds carrés ; elle forme d'abord une descente oblique de quinze pieds, puis s'étend horizontalement à dix de plus, et ensuite s'élève par degrés de seize pieds vers son extrémité. Les côtés de cette grotte consistent en deux fragmens de rocs solides et très-unis, qui semblent avoir été séparés l'un de l'autre par un tremblement de terre; la voûte et la base de l'antre sont en pierre, de sorte que son entrée, qui dans l'hiver est couverte de glace, est très-glissante. Il n'y a aucun endroit de ce souterrain dans lequel un homme puisse se tenir debout, ou qui ait plus de trois pieds de largeur. Lorsque M. Putnam se fut traîné jusqu'à la partie horizontale de la caverne, les plus épaisses ténèbres se manifestèrent devant la pâle lumière produite par la flamme de la torche, et tout dans ce séjour obscur était silencieux comme l'antre de la mort: en avançant avec précaution, il parvint à la hauteur dont nous venons de parler, et la monta sur ses mains et sur ses genoux jusqu'à un endroit d'où il aperçut les yeux de la louve qui était cachée à l'extrémité de l'antre. Réveillée par la lueur de la flamme, elle grinça des dents, et poussa un hurlement affreux ; sur quoi le général secoua la corde comme pour avertir de le ramener dehors. Les gens placés à l'ouverture de la grotte, en entendant les hurlemens de la louve, s'imaginèrent que M. Putnam courait un danger imminent, et le tirèrent à eux avec tant de promptitude, que sa chemise se releva sur sa figure, et qu'il eut la peau du ventre cruellement déchirée. Quoiqu'il en soit, il persista courageusement dans sa résolution, et, après s'être rajusté et avoir chargé de lingots son fusil, il descendit une seconde fois dans la grotte. A la seconde approche, la louve prit une contenance féroce et terrible en hurlant, roulant ses yeux enflammés, faisant craquer ses dents, et baissant sa tête entre ses jambes; mais au moment où elle allait s'élancer sur le général, il lui déchargea un coup de fusil dans le crâne, et fut aussitôt retiré de la caverne. Après s'être reposé un instant, et avoir donné à la fumée le temps de se dissiper, il descendit de nouveau dans la grotte : appliquant alors sa torche au museau de l'animal, il le trouva sans vie, puis, le saisissant par les deux oreilles et agitant de nouveau la corde, il le ramena avec lui, au grand étonnement de tous les spectateurs.

A la ménagerie royale de Paris, on voit une louve qui attire l'attention, parce qu'elle est aussi sensible aux caresses de ceux qui s'approchent de sa loge, que le chien le plus affectueux l'est aux caresses de son maître. Le connétable Anne de Montmorency avait apprivoisé un loup, qui lui devint si attaché, que ce seigneur étant tombé malade, l'animal se tapit auprès de son lit, sans en vouloir bouger ni pour boire ni pour manger, que son maître ne fût guéri. M. le baron Mounier, conseiller-d'état, étant préfet d'Ille-et-Villaine, apprivoisa une louve qui prit un tel attachement pour mademoiselle Mounier, que, ayant été malheureuse et moins soignée en son absence, cette pauvre bête mourut de joie en la revoyant, comme jadis le bon chien d'Ulysse.

LE RENARD.

Le renard a les formes plus déliées que le loup, et il est beaucoup moins gros que cet animal ; sa queue est plus longue et plus touffue, mais la direction oblique de ses yeux et la forme de ses oreilles sont semblables à celles du loup. Sa tête paraît proportionnellement plus forte. Il a l'humeur folâtre, mais on ne peut jamais parvenir à l'apprivoiser entièrement ; et, comme tous les animaux à demi privés, il mord à la plus légère offense les personnes avec lesquelles il est le plus familier : il languit lorsqu'on le prive de sa liberté, et si on le tient trop long-temps dans la captivité, il périt d'ennui.

Le renard est le plus fin et le plus rusé de tous les animaux de proie. « Le choix du lieu de son domicile, l'art de faire ce manoir, de le rendre commode, d'en dérober l'entrée, fait observer M. de Buffon, sont autant d'indices d'un sentiment supérieur. Le renard en est doué, et tourne tout à son profit ; il se loge au bord des bois, à portée des hameaux ; il écoute le chant des coqs et le cri des volailles ; il les savoure de loin ; il prend habilement son temps, cache son dessein et sa marche, se glisse, se traîne, arrive et fait rarement des tentatives inutiles ; s'il peut franchir les clôtures, ou passer par dessous, il ne perd pas un instant ; il ravage la basse-cour, il y met tout à mort, se retire ensuite lestement en emportant sa proie qu'il cache sous la mousse, ou qu'il

LE RENARD.

porte à son terrier; il revient quelques momens après en chercher une autre qu'il emporte et cache de même, mais dans un autre endroit; ensuite une troisième, une quatrième, etc., jusqu'à ce que le jour ou le mouvement dans la maison l'avertisse qu'il faut se retirer et ne plus revenir. »

Il fait la même manœuvre dans les pipées et dans les boqueteaux, où l'on prend les grives et les bécasses au lacet; il devance le pipeur, va de très-grand matin, et souvent plus d'une fois par jour, visiter les lacets, les gluaux, emporte successivement les oiseaux qui se sont empêtrés, les dépose tous en différens endroits, surtout au bord des chemins, dans les ornières, sous de la mousse, sous un genièvre, les y laisse quelquefois deux ou trois jours, et sait parfaitement les retrouver au besoin. Il chasse les jeunes levrauts en plaine, saisit quelquefois les lièvres au gîte, ne les man-

que jamais lorsqu'ils sont blessés; déterre les lapereaux dans les garennes, découvre les nids de perdrix, de cailles, prend la mère sur les œufs et détruit une quantité prodigieuse de gibier. Le renard est aussi vorace que carnassier; il mange de tout avec une égale avidité, des œufs, du lait, du fromage, des fruits, et surtout des raisins; lorsque les levrauts et les perdrix lui manquent, il se rabat sur les rats, les mulots, les serpens, les lézards, les crapauds, etc., et il en détruit un grand nombre : c'est là le seul bien qu'il procure. Il est très-avide de miel; il attaque les abeilles sauvages, les guêpes, les frélons, qui d'abord tâchent de le mettre en fuite en le perçant de mille coups d'aiguillon; il se retire en effet, mais c'est en se couchant pour les écraser, et il revient si souvent à la charge, qu'il les oblige à abandonner le guêpier; alors il le déterre, en mange le miel et la cire. Il prend aussi les hérissons, les roule avec ses pieds, et les force à s'étendre. Enfin, il mange du poisson, des écrevisses, des hannetons, des sauterelles, etc.

Le renard montre beaucoup de pénétration dans les moyens qu'il emploie pour tirer les lapereaux de leur terrier : il n'entre pas par leur ouverture, car dans ce cas il lui faudrait faire une fouille de plusieurs pieds sous terre; mais il suit à la superficie du sol les émanations de leurs corps jusqu'à ce qu'il parvienne à l'endroit où ils sont cachés, et, grattant ensuite la terre, il descend facilement au-dessus d'eux.

La femelle du renard produit une fois par an, et a deux ou trois petits par portée; si elle s'aperçoit que l'endroit de sa retraite est découvert, elle transporte aussitôt ses nourrissons dans un asile plus sûr. Les petits des renards naissent aveugles comme ceux des chiens, et ont le poil d'un brun foncé.

Ils croissent jusqu'à ce qu'ils aient atteint l'âge de dix-huit mois, et vivent treize à quatorze ans.

Leur nourriture varie suivant les contrées qu'ils habitent; on a observé que dans la Nouvelle-Zemble et au Spitzberg, ils font leur proie de petits quadrupèdes; dans le Groenland, ils satisfont leur appétit avec des baies de différens arbres, et avec tout ce qui est rejeté sur le rivage par la mer : mais, dans la Laponie et dans les parties septentrionnales de l'Asie, ils trouvent une nourriture abondante dans les troupeaux de marmotes, qui couvrent quelquefois la surface du pays. Le moyen qu'ils emploient pour pêcher du poisson, annonce une finesse et une intelligence extraordinaires : ils se jettent à l'eau et remuent la vase avec leurs pieds, pour troubler ces habitans des ondes, et quand ceux-ci viennent à fleur d'eau, ils les saisissent avec avidité. Ils font

L'OURS.

preuve aussi d'une sagacité étonnante dans leur manière de prendre le gibier aquatique de toute espèce : ils avancent un peu dans l'eau, et se retirent ensuite en folâtrant sur le rivage ; le gibier s'approche, et lorsqu'il est prêt du renard, celui-ci cesse de jouer pour ne pas l'effrayer, en se contentant d'agiter sa queue ; et le gibier, dit-on, se montre assez simple pour venir la béqueter. Le renard aussitôt se retourne en sautant sur sa victime imprudente.

L'OURS.

L'OURS est un animal sauvage et solitaire qui habite les excavations les plus inaccessibles des montagnes, ou fixe son séjour dans les endroits les plus retirés et les plus impénétrables des forêts. Il a les oreilles courtes, arrondies, les yeux petits et pourvus d'une membrane clignotante ; son museau est saillant, et il a l'organe de l'odorat extrêmement fin. Dans tous les animaux de cette espèce, les jambes et les cuisses sont fortes et musculeuses, les pieds singulièrement longs, et les griffes si aiguës, qu'ils peuvent grimper sur les arbres avec assez de facilité. La voix de l'ours consiste en un grondement sourd et un gros murmure qu'il fait souvent entendre sans la moindre provocation.

Les ours sont si communs dans le Kamtschatka, qu'on les voit souvent errer dans les plaines en nombreuse compagnie, et ils auraient depuis long-temps dépeuplé le pays, si dans ces contrées ils n'étaient pas d'un naturel plus traitable et plus doux qu'ils ne le sont en général dans les autres parties du globe. L'hiver, ils habitent principalement les montagnes; mais au printemps, ils descendent en foule dans les plaines, et se rendent vers les embouchures des rivières pour prendre des poissons qui abondent dans toutes les eaux de cette péninsule : s'ils en trouvent une grande quantité, ils n'en mangent que la tête ; et toutes les fois que le hasard leur fait rencontrer un filet ou une nasse de pêcheur, ils la retirent de l'eau avec beaucoup d'adresse en s'emparant de ce qu'elle contient.

Lorsqu'un Kamtschadale aperçoit un de ces animaux, il cherche de loin à gagner ses bonnes grâces, en accompagnant ses gestes de paroles engageantes : les ours sont, à la vérité, si familiers dans son pays, que les femmes, et même les jeunes filles, vont chercher des herbes, des racines, et de la tourbe pour leur feu, au milieu d'un troupeau d'ours qui ne leur font aucun mal ; et si quelques-uns de ces animaux s'approchent d'elles, c'est seulement pour manger quelque chose dans leurs mains. Jamais on ne les a vus attaquer un homme, à moins que ce ne fût lorsqu'ils avaient été réveillés en sursaut par un agresseur ; et il arrive rarement qu'ils se jettent sur le chasseur, qu'ils soient blessés ou qu'ils ne le soient pas.

La manière de s'en emparer varie selon les contrées. Les Koriaques les prennent par le procédé suivant : ils cherchent quelque arbre tortu qui a pris en croissant une forme arquée, et attachent à son extrémité courbée un nœud coulant et un appât ; l'ours affamé convoite cet objet, et grimpe avec précipitation sur l'arbre : mais dès qu'il agite ses branches, le nœud coulant se serre, et la suffocation de l'animal le fait tomber de l'arbre auquel il reste suspendu.

Il n'est pas de quadrupède qui rende autant de services aux Kamtschadales, après sa mort, que l'ours; ils font avec sa peau des lits, des couvertures, des bonnets et des gants, ainsi que des colliers pour les chiens qui tirent les traîneaux. Ceux qui vont sur les glaces pour faire la chasse aux animaux marins, font les semelles de leurs souliers de ce même cuir, qui ne glisse jamais sur la glace. La graisse de l'ours est très-estimée à raison de ce qu'elle est d'une saveur agréable et fort nourrissante; quand elle est fondue, on s'en sert au lieu d'huile.

La chair de cet animal, surtout celle de l'ourson, est aussi fort délicate, et ses intestins, quand ils sont bien dégraissés et nettoyés, servent à préserver le visage des femmes des effets du soleil, qui, lorsqu'il est réfléchi par la neige, est sujet à noircir la peau. C'est ainsi que les belles de Kamtschatka conservent la fraîcheur de leur teint.

Les Russes de cette contrée font, avec les intestins de l'ours, des panneaux de croisées qui sont aussi transparens que le verre de Moscou; ses omoplates servent de faucilles pour couper l'herbe, et les naturels du pays suspendent à leur hutte des cuisses et des têtes d'ours comme autant de trophées et d'ornemens.

Les Kamtschadales sont aussi redevables aux ours du peu de progrès qu'ils ont fait jusqu'à ce jour dans les connaissances de la médecine. En observant le genre d'herbes que ces animaux appliquent à leurs blessures et dont ils font des tentes, ainsi que les autres moyens curatifs qu'ils emploient quand ils sont malades, ils ont appris à distinguer la plupart des simples auxquels ils ont eux-mêmes recours dans les applications de remèdes internes. Il est encore certain que les ours sont leurs maîtres de danse ; et, dans ce qu'ils appellent la danse de l'ours, ils imitent si fidèlement les gestes et les attitudes de cet animal, qu'il n'est pas permis de douter qu'ils ne tiennent de lui cette partie de leur éducation.

Il est très-facile d'apprivoiser cet animal, et de le rendre obéissant et docile ; on lui apprend à marcher debout, à tenir un bâton avec les mains, et à faire différens tours pour plaire à la multitude, qui s'amuse beaucoup de la tournure avec laquelle cette lourde bête semble se mettre en mesure au son d'un instrument grossier, ou à la voix rustique de son maître.

La femelle de l'ours porte environ six mois, et donne en général deux petits à la fois. Ils ont à peu près huit pouces de long quand ils naissent, et sont privés de la lumière pendant environ l'espace d'un mois. Les ours sont très-gras lorsqu'ils vont habiter leur séjour d'hiver ; mais, à raison de ce qu'ils ne prennent aucune subsistance pendant cette saison, ils sortent de leurs retraites excessivement maigres au printemps ; et comme à cette époque on a trouvé, dans l'estomac de ces animaux qu'on avait tués, une substance écumeuse, on a supposé qu'ils se soutenaient l'hiver en léchant leurs pates.

Les sauvages de l'Amérique méridionale apprivoisent les petits de l'ours, que quelquefois ils prennent si jeunes qu'ils ne peuvent pas encore manger ; et, dans ce cas, ils obligent leurs femmes à les élever au biberon.

Les ours blancs habitent les parties les plus hyperboréennes du globe ; on les voit dans les régions polaires en troupes prodigieuses, non seulement sur la terre, mais encore sur les glaçons flottans, à plusieurs lieues en mer ; car, lorsque des masses énormes de glaces sont détachées par la violence des vents ou des courans, les ours se laissent entraîner avec elles ; on en a vu transportés de cette manière jusqu'en Islande.

La nourriture favorite de l'ours blanc se compose de phoques, de morses, de carcasses de baleines et d'autres poissons de mer. Il attaque aussi fréquemment le walrus ou cheval marin ; mais cet animal, à raison de la force prodigieuse de ses défenses, sort ordinairement vainqueur du combat.

Lorsque ces ours sont à quelque distance de la mer, ils vont à la chasse aux daims, aux lièvres, aux oiseaux dans leurs nids, et ils mangent différentes espèces de baies qu'ils rencontrent dans leur chemin. Pendant l'hiver, ils font principalement leur résidence dans les îles situées sous la zône glaciale, en passant fréquemment de l'une à l'autre.

L'ours blanc porte deux petits à la fois, et l'affection qui règne entre ces oursons et leur mère est si forte, qu'ils aiment mieux périr que de se séparer dans les plus grands périls : l'anecdote suivante offre une preuve incontestable de la vérité de cette assertion.

Lorsque le navire *la Carcasse*, qui fit voile, il y a quelques années, pour tenter quelques découvertes vers le pôle septentrional, se trouva engagé dans les glaces, le pilote donna avis un matin à l'équipage que trois ours s'avançaient vers la mer glaciale, et qu'ils n'étaient pas fort éloignés du vaisseau. Ils avaient indubitablement été attirés par l'odeur de l'huile d'un veau marin tué depuis quelques jours, à laquelle les matelots avaient mis le feu et qui brûlait sur la glace. Il se trouva que c'étaient une ourse et deux petits presque aussi forts que la mère. Ils se précipitèrent vers le feu, retirèrent du milieu des flammes une partie de la chair d'un morse qui n'était pas encore consumée et la dévorèrent. L'équipage du vaisseau jeta sur la glace des lambeaux de chair de ce morse qui leur restaient encore; la mère vint les chercher les uns après les autres, les posa devant ses petits à mesure qu'elle les apportait, et les leur partagea en n'en réservant qu'une très-petite portion pour elle. Comme elle s'avançait pour emporter le dernier morceau, les marins mirent en joue les oursons, les tuèrent tous deux, et tirèrent sur la mère qu'ils ne firent que blesser.

Les gens les plus insensibles auraient versé des larmes de compassion en voyant le tendre intérêt que cette pauvre bête prit au sort de ses petits dans leurs derniers momens, quoiqu'elle eût reçu elle-même une blessure si grave qu'elle put à peine se traîner à l'endroit où ils étaient. Elle leur apporta, comme elle avait déjà fait, d'autres morceaux de chair qu'elle était allée chercher, les plaça devant eux, et quand elle vit qu'ils n'y touchaient pas, elle étendit ses pates, d'abord sur l'un et ensuite sur l'autre, en cherchant à les faire relever et en poussant les gémissemens les plus plaintifs. Lorsqu'elle vit qu'elle ne pouvait les faire mouvoir, elle s'éloigna d'eux, et quand elle fut à une certaine distance, elle regarda en arrière et se mit à hurler de toutes ses forces; mais, ne les voyant point la suivre, elle revint sur ses pas, et les regarda de nouveau en poussant les mêmes hurlemens qu'auparavant. Surprise de ce que ses petits ne la suivaient toujours pas, elle revint encore auprès d'eux et donna des marques d'une extrême sensibilité; voyant enfin qu'ils étaient sans chaleur et sans vie, elle leva sa tête du côté du vaisseau, et fit entendre un grognement de désespoir auquel les matelots répondirent par une décharge de coups de fusil. Elle tomba alors au milieu de ses petits, et expira en léchant leurs plaies.

La ménagerie royale, à Paris, possède des ours bruns d'Europe, un ours de Sibérie et des ours noirs d'Amérique. Lorsque les troupes françaises sont entrées en Suisse, on a transporté à Paris les ours qui se trouvaient dans les fossés de la ville de Berne : l'un d'eux y était né et avait quarante-sept ans, et une femelle y avait mis bas à plus de trente-un ans. On voit, dans les fossés du Jardin du Roi, deux de ces ours qui amusent beaucoup le public en grimpant à un arbre planté au milieu du fossé. Un homme atteint de folie s'est jeté dans un de ces fossés, il y a une dixaine d'années, et l'on n'a pu l'en retirer avant que l'ours ne l'eût tué. Depuis on a établi une grille pour prévenir le retour d'un pareil événement.

Le prince polonais Radziwill, qui joignait souvent l'élégance de la civilisation méridionale à la pompe tudesque des Sarmates, fit, un jour de fête, son entrée dans Varsovie, traîné sur un char attelé de six ours blancs pris dans les forêts de la Lithuanie. Ces coursiers d'un nouveau genre étaient richement enharnachés et avaient été dressés à cet effet.

L'ÉLÉPHANT.

L'ÉLÉPHANT est le plus gros de tous les quadrupèdes, et, sous une infinité de rapports, il mérite toute notre attention. Quand il est parvenu à sa croissance, il a environ dix à douze pieds de hauteur, depuis les pieds jusqu'à la partie la plus élevée du dos, qui lui-même est large de six ou sept pieds, et un peu protubérant. Le cabinet d'histoire naturelle de Pétersbourg en possède un squelette de quatorze pieds. Le grand Turc en avait donné un au roi de Naples, vers 1745, qui avait treize pieds et demi. L'éléphant a le corps ramassé, une grosse tête, le cou très-court; une trompe qui descend jusqu'à terre, une petite gueule étroite, avec deux défenses qui tiennent à la mâchoire supérieure, des deux côtés de la trompe, sans compter huit grosses dents mâchelières; de petits yeux perçans et spirituels, et de grandes oreilles pendantes; ses jambes sont rondes et massives, et lui servent, pour ainsi dire, de piliers pour soutenir un poids aussi énorme; ses pieds sont courts, ceux de devant sont plus larges et plus ronds que ceux de derrière; il a la peau très-dure, principalement sur la poitrine; sa couleur est d'un brun foncé tirant sur le noir.

Malgré la grosseur de sa masse, cet animal ne manque pas de légèreté dans ses mouvemens; il a un trot assez prompt, et atteint aisément un homme à la course. Les

L'ÉLÉPHANT.

Romains ont eu des éléphans qui dansaient et qui avaient appris à marcher parmi des hommes couchés sans en blesser aucun ; ils en ont eu même qui ont dansé sur la corde, ce qui serait presque incroyable, si plusieurs auteurs dignes de foi ne s'accordaient à l'affirmer.

« La trompe de l'éléphant, dit M. de Buffon, est composée de membranes, de nerfs et de muscles ; c'est en même temps un membre capable de mouvement, et un organe de sentiment ; l'animal peut non seulement la remuer, la fléchir, mais il peut aussi la raccourcir, l'allonger, la courber, et la tourner en tous sens. L'extrémité de la trompe est terminée par un rebord qui s'allonge par-dessus en forme de doigt. C'est par le moyen de ce rebord que l'éléphant fait tout ce que nous faisons ; il ramasse à terre les plus petites pièces de monnaie ; il cueille les herbes et les fleurs en les choisissant une à une ; il dénoue un cordon, et ferme les portes en tournant les clés et en poussant les verroux. »

C'est une merveille que la facilité avec laquelle l'éléphant fait mouvoir cette trompe, qui a six ou sept pieds de long, et est d'un volume considérable à son origine, quoiqu'elle aille en diminuant jusqu'à son extrémité. Le peu d'étendue du cou de ce quadrupède est compensé par la longueur de sa trompe, dont la structure est admirable, et qu'il applique avec tant d'agilité à ses besoins, que le docteur Derham la regarde comme une preuve manifeste de la sagesse divine.

Les dents mâchelières de l'éléphant sont d'une telle grosseur, tant à la mâchoire inférieure qu'à la mâchoire supérieure, qu'elles contribuent à rendre sa gueule étroite ; mais il lui serait inutile de l'avoir plus large, parce que la force de ses dents est telle qu'il broie du premier coup les ali-mens, et que par conséquent il n'a pas be-soin de les porter de çà et delà dans sa gueule pour leur faire subir une plus longue mastication, comme cela arrive à la classe des autres brutes. Sa langue est, par la même raison, petite, courte et ronde, et non plate et mince comme celles des ani-maux en général; la surface en est unie.

Les défenses de ce quadrupède, qui pro-duisent l'ivoire, varient par la grosseur et l'étendue; les plus longues qu'on ait impor-tées en Angleterre sont de sept à huit pieds, et pèsent de cent à cent cinquante livres. On n'en voit que très-rarement aux femel-les; lorsqu'elles en ont, ces défenses sont très-petites, et leur direction est tournée vers la terre.

« Dans l'homme et les animaux, pour nous servir des expressions de M. de Buffon, car rien ne peut remplacer le style de ce grand naturaliste, l'épiderme est partout adhérent à la peau; dans l'éléphant, il est seulement attaché par quelques points, comme le sont deux étoffes piquées l'une sur l'autre. Cet épiderme est naturellement sec, et fort sujet à s'épaissir; partout où cette peau n'est pas calleuse, dans les ger-çures, et dans les autres endroits où elle ne s'est ni desséchée, ni durcie, la piqûre des mouches se fait si bien sentir à l'éléphant, qu'il emploie non seulement ses mouve-mens, mais même les ressources de son in-telligence, pour s'en délivrer; il se sert de sa queue, de ses oreilles, de sa trompe pour les frapper; il fronce sa peau partout où elle peut se contracter, et les écrase entre ses rides; il prend des branches d'arbres, des rameaux, des poignées de longue paille pour les chasser; et lorsque tout cela lui manque, il ramasse de la poussière avec sa trompe, et en couvre tous les endroits sensibles. On l'a vu se poudrer ainsi plusieurs fois par jour, et se poudrer à propos, c'est-à-dire en sortant du bain. »

La principale nourriture de l'éléphant est l'herbe, et quand il n'en peut pas trouver, il déterre des racines avec ses défenses : il a un odorat très-fin, au moyen duquel il parvient facilement à découvrir sa nourriture et à éviter toute espèce de plantes nuisibles. Lorsqu'il est apprivoisé, il mange du foin, de l'avoine et de l'orge, et boit une quantité d'eau considérable, qu'il aspire avec sa trompe, et qu'il porte ensuite à sa gueule. Il paraît qu'on était dans l'usage de donner aux éléphans des liqueurs spiritueuses, pour les enivrer et les rendre furieux, lorsqu'on s'en servait dans les combats.

On prétend que l'éléphant fournit une très-longue carrière, quoiqu'il soit sujet à beaucoup de maladies; il atteint ordinairement cent ans, et quelquefois trois cents ans. Sa force est si prodigieuse, qu'il porte jusqu'à deux milliers; il tire des fardeaux que six chevaux pourraient à peine ébranler; il fait sans fatigue quinze ou vingt lieues par jour, et lorsqu'on le presse il en fait plus de trente.

Les éléphans prennent le plus grand soin de leurs petits, et préfèrent mourir, à leur voir perdre la vie. D'après M. de Buffon, « ils marchent ordinairement de compagnie; le plus âgé conduit la troupe; le second d'âge les fait aller, et marche le dernier; les jeunes et les femelles sont au milieu des autres; les mères portent leurs petits et les tiennent embrassés de leurs trompes ».

Lorsque les éléphans rencontrent quelque individu de leur espèce mort dans les bois, ils couvrent son cadavre de branches d'arbres, d'herbages, et de tout ce qu'ils peuvent trouver; et si l'un d'eux est blessé, les autres en prennent soin; ils lui apportent de la nourriture, et se réunissent tous pour le sauver de la poursuite des chasseurs.

« L'éléphant une fois dompté, continue M. de Buffon, devient le plus doux et le plus patient de tous les animaux; il s'attache à celui qui le soigne, il le caresse, le prévient, et semble deviner tout ce qui peut lui plaire; en peu de temps il vient à bout de comprendre les signes et même d'entendre l'expression des sons; il distingue le ton impératif, celui de la colère ou de la satisfaction, et il agit en conséquence; il ne se trompe pas à la parole de son maître; il reçoit ses ordres avec attention, les exécute avec prudence et empressement, sans précipitation, car ses mouvemens sont toujours mesurés, et son caractère paraît tenir de la gravité de sa masse; on lui apprend aisément à fléchir le genou, pour donner plus de facilité à ceux qui veulent le monter; il caresse ses amis avec sa trompe, et salue les gens qu'on lui fait remarquer; il s'en sert pour enlever des fardeaux, aide lui-même à les charger; il se laisse vêtir, et semble prendre plaisir à se voir couvert de harnois dorés et de housses brillantes. On l'attache par des traits à des charriots, des navires, des cabestans; il tire également, continuellement, et sans se rebuter, pourvu qu'on ne l'insulte pas par des coups donnés mal à propos, et qu'on ait l'air de lui savoir gré de la bonne volonté avec laquelle il emploie ses forces. Son cornac, ou celui qui le conduit ordinairement, est monté sur son cou, et se sert d'une verge de fer, dont l'extrémité fait le crochet, et qui est armée d'un poinçon avec lequel on le pique sur la tête et à côté des oreilles pour l'avertir de détourner, ou le presser; mais souvent la parole suffit, surtout s'il a eu le temps de faire connaissance complète avec son conducteur, et de prendre en lui une entière confiance.

« Tous les tonneaux, sacs, paquets qui se transportent d'un lieu à un autre dans l'Inde, sont voiturés par des éléphans ; ils peuvent porter des fardeaux sur leur corps, sur leur cou, sur leurs défenses, et même avec leur gueule, en leur présentant le bout d'une corde, qu'ils serrent avec leurs dents ; joignant l'intelligence à la force, ils ne cassent ni n'endommagent rien de ce qu'on leur confie ; ils font tourner et passer ces paquets du bord des eaux dans un bateau, sans les laisser mouiller, les posent doucement, et les rangent où on veut les placer ; quand ils les ont déposés dans l'endroit qu'on leur montre, ils essaient avec leur trompe s'ils sont bien situés, et quand c'est un tonneau qui roule, ils vont d'eux-mêmes chercher des pierres pour le caler et l'établir solidement. »

L'histoire rapporte beaucoup de traits de fidélité, de reconnaissance et de sagacité de ces animaux. Élien nous apprend que lorsque Porus, roi de l'Inde, fut vaincu par Alexandre-le-Grand, il se trouva blessé de plusieurs dards qu'un éléphant retira de son corps avec sa trompe, et que, quand cet animal s'aperçut que son maître allait tomber en faiblesse, à raison de la perte considérable de sang qu'il faisait, il se coucha tout doucement par terre, afin que son cavalier ne se fît pas de mal en descendant. Athénée parle de la reconnaissance d'un éléphant envers une femme qui lui avait rendu quelques services, et qui avait coutume de mettre son enfant auprès de lui lorsqu'il était tout petit. A la mort de la mère, l'éléphant prit tant d'affection pour l'enfant, qu'il manifestait le plus vif mécontentement lorsqu'on l'éloignait de sa présence, et qu'il ne voulait pas prendre d'alimens, que sa nourrice n'eût mis sa barcelounette entre ses jambes ; et alors il mangeait de grand appétit pendant que cet enfant dormait. Il chassait les mouches d'autour de lui avec sa trompe, et lorsque l'enfant pleurait, il agitait son berceau jusqu'à ce qu'il fût assoupi.

« Un éléphant, dit M. de Buffon, venait de se venger d'un cornac en le tuant ; sa femme, témoin de ce spectacle, prit ses deux enfans et les jeta aux pieds de l'animal, en lui disant : Puisque tu as tué mon mari, ôte-moi la vie, ainsi qu'à mes deux enfans. L'éléphant s'arrêta tout court, s'adoucit ; et, comme s'il eût été touché de regret, prit avec sa trompe le plus grand de ces deux enfans, le mit sur son dos, l'adopta pour son cornac, et n'en voulut pas souffrir d'autre. »

M. de Bussi rapporte qu'un soldat de Pondichéry, qui avait coutume de porter à un éléphant une certaine mesure d'arack cha-

que fois qu'il touchait son prêt, ayant un jour bu plus que de raison, et se voyant poursuivi par la garde qui le voulait conduire en prison, se réfugia sous cet animal et s'y endormit. Ce fut en vain que la garde tenta de l'arracher de cet asile, l'éléphant le défendit avec sa trompe. Le lendemain, le soldat, revenu de son ivresse, frémit à son réveil de se trouver couché sous un animal d'une grosseur aussi énorme : l'éléphant, qui sans doute s'aperçut de son effroi, le caressa avec sa trompe pour le rassurer, et lui fit entendre qu'il pouvait s'en aller.

Le premier éléphant qu'on ait vu en France, fut envoyé par Aaron, roi de Perse, à l'empereur Charlemagne, qui lui en avait fait la demande par un ambassadeur : cet animal portait le nom d'*Abulabaz*.

Celui que nous voyons dans la présente année 1829, à la ménagerie royale, à Paris, a été envoyé de l'Inde, en 1820, par M. Leschenault; il avait alors trois ans. Il se montre très-docile envers son cornac, et fait généralement ce qu'il lui commande. Il est curieux de voir l'énorme quadrupède se mettre à genoux pour que cet homme puisse monter à cheval sur son dos, et le promener ainsi tout autour du parc où est située son habitation. Vers la fin de 1828, monseigneur le duc de Bordeaux vint visiter ce jardin, et examina surtout les diverses parties qui renferment des animaux. Quand il en fut au parc de l'éléphant, le cornac fit faire à l'animal tous les exercices dont il est susceptible; et, après l'avoir monté comme un cheval, il proposa la même cavalcade aux jeunes gens de la société du prince, sans en trouver un seul à qui cela fît envie. Notre Henri, regardant son gouverneur, témoigna qu'il n'aurait aucune crainte de monter ce singulier Bucéphale, et, en ayant obtenu la permission, on le vit s'élancer sur le cou de l'éléphant, et faire hardiment le tour du parc, aux acclamations des nombreux spectateurs témoins de cette scène intéressante, qui rappelle le trait de caractère du jeune Alexandre, fils de Philippe, roi de Macédoine.

Le mâle et la femelle, qu'on a vus précédemment à cette ménagerie, étaient nés à Ceylan. En 1786, la compagnie des Indes en fit présent au Stadhouder; on les amena par eau jusqu'à Nimègue, et de là au château de Loo par terre et à pied. Il fut très-difficile de leur faire passer le pont d'Arnheim, tant ces animaux sont défiants; il avait fallu les faire jeûner, et on les engageait à avancer en leur offrant de loin leur nourriture; encore ne faisaient-ils aucun pas sans avoir essayé de toutes les manières la solidité de chaque planche sur laquelle ils devaient poser un de leurs pieds. Ils furent très-doux tant qu'ils restèrent à Loo ; on les laissait aller librement partout ; ils montaient même dans les appartemens, et venaient pendant le repas du prince recevoir les friandises que chacun leur donnait ; mais à l'époque de la conquête de la Hollande par les troupes françaises, un grand nombre de personnes étant venues les voir à toute heure, et ne les ayant pas toujours traités avec discrétion, ils perdirent beaucoup de leur douceur. La gêne qu'ils éprouvèrent ensuite dans les énormes cages qui servirent à les transporter à Paris, aigrit encore leur caractère. Mais ils reprirent leur première humeur quand ils furent arrivés au Jardin du Roi ; et ce fut un spectacle curieux que de voir leurs caresses mutuelles, lorsqu'ils furent réunis après cette longue séparation du voyage. Lorsque la femelle entra dans la loge qui lui était destinée, elle jeta d'abord un cri qui exprimait le plaisir de se voir en liberté ; elle n'aperçut pas le mâle qui était déjà dans la seconde loge, occupé à manger ; celui-ci ne se doutait pas non plus que sa compagne fût si près de lui ; mais le cornac l'ayant appelé, il se tourna, et à l'instant ces deux animaux coururent l'un à l'autre, et se mirent à faire des cris de joie si vifs et si bruyans que toute la salle en était ébranlée. Ils poussèrent en même temps par leur trompe un souffle qui ressemblait à un vent impétueux. La joie de la femelle était plus vive ; elle l'exprimait surtout par le battement précipité de ses oreilles, qu'elle faisait mouvoir comme les ailes d'un oiseau et avec une vitesse extrême. Elle passait sa trompe sur le corps du mâle avec tendresse ; elle la portait principalement à son oreille, où elle la tenait long-temps. Souvent aussi, après l'avoir promenée sur tout le corps du mâle, elle la reportait à sa propre bouche. De son côté, le mâle passait aussi sa trompe sur le corps de la femelle ; mais sa joie était plus concentrée, et il semblait s'exprimer par des larmes qui coulaient en abondance de ses yeux. Ces deux animaux sont conservés au Cabinet d'histoire naturelle. Dans *les Animaux célèbres*, il est rapporté qu'en 1813, des musiciens distingués de la capitale, parmi lesquels on remarquait messieurs Kreutzer et Duvernois, se réunirent pour donner à l'éléphant mâle, qui existait seul alors, un concert dans toutes les règles. Il témoigna du plaisir en entendant jouer l'air : *O ma tendre musette*; mais il donna surtout des signes non équivoques de satisfaction en écoutant l'air : *Charmante Gabrielle.* Il marquait la mesure en oscillant sa trompe, en l'agitant de droite à gauche, en balançant son énorme masse, et enfin en poussant quelques sons d'accord avec ceux des musiciens. Les grandes symphonies ne parurent point de son goût ; on remarqua qu'il préférait la mélodie à l'harmonie. Il exprima particulièrement sa reconnaissance envers M. Duvernois, qui, en donnant du cor, avait paru l'émouvoir plus que les autres musiciens ; il s'agenouilla devant lui, le carressa de sa trompe, et lui exprima à sa manière tout le plaisir qu'il avait pris à l'entendre.

L'ORANG-OUTANG.

L'ORANG-OUTANG est le plus gros de l'espèce des singes, et, à raison de l'apparence extérieure de sa forme humaine, on lui a quelquefois donné le nom d'*homme des bois*. Cependant il a le nez plus plat, le front plus oblique, et le menton moins élevé à sa base que celui de l'homme; ses yeux sont aussi beaucoup plus près l'un de l'autre, et la distance entre son nez et sa bouche est infiniment plus grande : on découvre encore dans sa conformation interne des différences essentielles, qui démontrent que, malgré sa ressemblance apparente avec l'homme, l'intervalle qui sépare les deux espèces est immense. Les rapports qui existent dans sa figure, dans son organisation et dans les mouvemens imitatifs qui semblent en résulter, ne le font pas plus approcher de la nature de l'homme, qu'ils ne l'élèvent au-dessus de celle de la brute.

Les orang-outangs, examinés jusqu'à ce jour en Europe, ont rarement excédé la hauteur de trois pieds; mais les plus grands de ces animaux, que l'on dit être de six pieds, sont très-vifs, et d'une force si prodigieuse, qu'elle surpasse celle de l'homme le plus musculeux : ils sont encore très-alertes, et on ne peut les surprendre qu'avec la plus grande difficulté. Leur pelage est d'un brun foncé ; leurs pieds sont nus, et leurs oreilles, ainsi que leurs doigts, ont

L'ORANG-OUTANG.

beaucoup de ressemblance avec ceux de l'espèce humaine.

Ces animaux habitent les bois de l'intérieur de l'Afrique et de l'île de Borneo ; ils se nourrissent de fruits, et quand ils approchent de la mer, ils mangent du poisson et des crâbes. André Buttel, voyageur portugais, qui fit sa résidence à Angola, près de dix-huit ans, assure que « l'orang-outang est, dans toutes ses proportions, semblable à l'homme, seulement qu'il est plus grand ; il dit même qu'il est grand comme un géant, qu'il a la face comme l'homme, les yeux enfoncés, de longs cheveux aux côtés de la tête, le visage nu et sans poil, aussi bien que les oreilles et les mains ; le corps légèrement velu ; et qu'il ne diffère de l'homme à l'extérieur, que par les jambes, parce qu'il n'a que peu ou point de mollets ; que cependant il marche toujours debout, qu'il dort sur les arbres, et se construit une hutte, un abri contre le soleil et la pluie ; qu'il vit de fruits et ne mange point de chair ; qu'il ne peut parler, quoiqu'il ait plus d'entendement que les autres animaux ; que quand les nègres font du feu dans les bois, ces pongos viennent s'asseoir autour et se chauffer, mais qu'ils n'ont pas assez d'esprit pour, entretenir le feu en y mettant du bois ; qu'ils vont de compagnie, et tuent quelquefois des nègres dans les lieux écartés ; qu'ils attaquent même l'éléphant ; qu'ils le frappent à coups de bâtons et le chassent de leurs bois ; enfin, qu'on ne peut prendre ces pongos vivans, parce qu'ils sont si forts, que dix hommes ne suffiraient pas pour en dompter un seul».

Jobson nous apprend que, sur les bords de la rivière de Gamba en Afrique, ces animaux s'assemblent quelquefois par troupeaux de trois ou quatre mille, marchant par rang de files, le plus grand se mettant à la tête des autres. Dans ces circonstances, ils se montrent très-audacieux et fort méchans. Cet auteur déclare que, lorsqu'il passait avec son équipage devant eux, ils grimpaient sur des arbres et se mettaient à le regarder; quelquefois ils secouaient de leurs mains ces arbres avec une extrême violence, en faisant claquer leurs dents. Le soir, lorsque le navire était à l'ancre, ils venaient prendre place sur des rochers ou sur des hauteurs qui dominent la mer; et quand les gens de l'équipage descendaient à terre, les plus grands de ces singes venaient au-devant d'eux, et semblaient leur faire la grimace; mais ils fuyaient toujours avec beaucoup de précipitation lorsqu'on les attaquait. L'un d'eux fut tué d'un coup de fusil qu'on lui tira du canot; mais les autres l'avaient déjà emporté, que le canot n'était pas encore amarré. On trouva dans le bois leurs habitations, qui se composaient de plantes et de branches d'arbres si bien entrelacées, qu'elles offraient un abri très-commode.

Les orangs-outangs montrent peu de cette vivacité et de ce naturel folâtre qui distinguent particulièrement les singes; toutes leurs actions sont beaucoup plus calmes et plus réfléchies. Ils sont en état de repousser l'éléphant avec des bâtons, ou seulement avec leurs poings; on en a vu jeter des pierres à des personnes qui les insultaient. Si les orangs-outangs parviennent à découvrir un éléphant, ils l'attaquent et le tuent. Bosman rapporte que derrière le fort anglais de Nimba, sur la côte de Guinée, plusieurs de ces animaux tombèrent sur les esclaves de la compagnie des Indes, et qu'ils en triomphèrent. Ils étaient sur le point de leur crever les yeux avec des bâtons, lorsque heureusement une troupe de nègres vint à temps pour les secourir. On a vu aussi des orangs-outangs enlever des négresses, et les emmener dans les bois. Un négrillon, emporté par un de ces singes, dès le plus bas âge, vécut parmi eux pendant plus d'un an ; à son retour, il en dépeignit quelques-uns qui étaient aussi grands et aussi gros qu'un homme, et déclara qu'ils ne lui avaient fait aucun mal. Les jeunes tettent leurs mères en se tenant suspendus à leurs mamelles, et en leur serrant le corps avec leurs mains; et toutes les fois qu'une de ces femelles est tuée, ses petits se laissent prendre sans faire aucune résistance.

Les mœurs de ces animaux, quand on les tient dans l'état de domesticité, sont douces, paisibles, et n'ont rien de cette dégoûtante férocité si remarquable dans les gros babouins et les singes; ils sont aussi fort dociles, et font une infinité d'actions très-amusantes.

Le docteur Tison, qui a donné une description fort détaillée d'un jeune orang-outang que l'on fit voir à Londres, assure qu'il paraissait montrer beaucoup de sagacité, et que son naturel était singulièrement traitable : il embrassait avec une grande tendresse les personnes qu'il avait connues à bord du vaisseau dans lequel il était venu, et, quoiqu'il y eût beaucoup de singes dans le navire, il ne voulut jamais faire société avec eux ; il évitait au contraire leur approche, et paraissait leur montrer un profond mépris. Il semblait se complaire dans les vêtemens dont on l'avait habillé; il en mettait quelquefois une partie tout seul, et présentait le reste aux gens de l'équipage pour qu'ils l'aidassent à l'en revêtir : il se couchait dans un lit, posait sa tête sur un oreiller, et tirait sur lui la couverture pour se tenir chaudement, comme aurait fait un homme.

Lord Hamilton étant à Java, vit un de ces animaux qu'il a décrit comme étant d'un naturel sérieux et mélancolique ; il dit qu'il allumait du feu et qu'il le soufflait avec sa bouche, qu'il avait même le talent de faire cuire sur le gril un poisson pour le manger avec son riz bouilli, à l'instar des personnes qui étaient avec lui.

M. de Buffon avait un de ces quadrupèdes qui marchait toujours sur ses deux pieds, même en portant des choses lourdes ; « son air, dit-il, était assez triste, sa démarche grave, ses mouvemens mesurés, son naturel doux et très-différent de celui des autres singes : il n'avait ni l'impatience du magot, ni la méchanceté du babouin, ni l'extravagance des guenons. Il avait été, dira-t-on, instruit et bien appris ; mais les autres, qu'on vient de citer et qu'on lui compare, avaient eu de même leur éducation ; le signe et la parole suffisaient pour faire agir cet orang-outang ; il fallait le bâton pour le babouin, et le fouet pour tous les autres, qui n'obéissent guère qu'à la force des coups. J'ai vu cet animal présenter sa main pour reconduire les gens qui venaient le visiter, se promener gravement avec eux et comme de compagnie ; je l'ai vu s'asseoir à table et déployer sa serviette, s'en essuyer les lèvres, se servir de sa cuiller et de sa fourchette pour porter à sa bouche, verser lui-même sa boisson dans un verre, le choquer lorsqu'il y était invité, aller prendre une tasse et une soucoupe, la porter sur la table, y mettre du sucre, y verser du thé, le laisser refroidir pour le boire, et tout cela sans autres instigations que les signes ou la parole de son maître, et souvent de lui-même ; il ne faisait de mal à personne, s'approchait même avec circonspection, et se présentait comme pour demander des caresses ; il aimait prodigieusement les bonbons, tout le monde lui en donnait ; et, comme il avait une toux

LE BABOUIN OURSIN.

fréquente et la poitrine attaquée, cette grande quantité de choses sucrées contribua sans doute à abréger sa vie; il ne vécut à Paris qu'un été, et mourut l'hiver suivant à Londres.

LE BABOUIN-OURSIN.

Cet animal a une grosse tête avec un front proéminent et un nez très-long; son poil est d'une couleur brunâtre, et si long qu'il donne à ce quadrupède l'apparence extérieure d'un ours. Les babouins-oursins se réunissent en troupes dans les parties septentrionales de l'Afrique, ainsi que sur les montagnes du cap de Bonne-Espérance, et lorsque quelqu'un approche de leur retraite, ils font entendre un cri horrible pendant une minute, puis ils se cachent dans leurs repaires et gardent un profond silence; ils descendent rarement dans la plaine, à moins que ce ne soit avec l'intention de piller les jardins qui sont situés auprès des montagnes; et, dans ces circonstances, ils ont la précaution de placer des sentinelles pour empêcher qu'on ne les surprenne. Ils séparent en plusieurs parties les fruits qu'ils prennent, et les fourrent dans la poche de leurs joues pour les manger ensuite à loisir. Si ces sentinelles voient un homme, elles poussent un cri qui dure environ une minute, et toute la troupe se retire avec la plus grande précipitation; elle le fait même d'une manière très-amusante, à raison de ce que les jeunes grimpent sur le dos de leurs pères et mères. Ils se nourrissent aussi de plusieurs plantes pulpeuses, qu'ils arrachent de la terre et pèlent avec beaucoup d'adresse.

Ils sont en si grand nombre dans les montagnes de l'Afrique, qu'il devient quelquefois très-dangereux pour les voyageurs de passer devant eux, attendu que non seulement ils roulent de grosses pierres du haut des rochers, mais encore que souvent ils en jettent aux passans. Dans ce cas, il est très-essentiel d'avoir un fusil pour les tenir éloignés, et afin de n'être pas atteint par ces pierres.

Kalbe rapporte que, lorsque ces babouins découvrent un homme seul qui se repose et qui mange dans les champs, ils se glissent derrière lui, et lui enlèvent tout ce qu'ils peuvent emporter; puis, s'enfuyant à une certaine distance, ils s'asseyent sur leurs fesses, et le dévorent en sa présence et en lui faisant d'horribles grimaces. Quelquefois ils le lui tendent dans leurs griffes, comme s'ils voulaient le lui rendre, et font des gestes si comiques et si burlesques, que, quoique le pauvre diable perde son dîner, il peut rarement s'empêcher de rire.

Le coaïta est une espèce de singes qui habitent les forêts de l'Amérique méridionale. Le capitaine Stedman, se trouvant dans les bois de Surinam, et manquant de provisions, tua deux de ces animaux, dans l'intention d'en faire du bouillon; mais il raconte que la destruction de l'un de ces singes fut accompagnée de circonstances qui le détournèrent pour toujours d'aller à la chasse des quadrumanes. « En me voyant, dit-il, près du bord de la rivière dans un canot, ce singe ralentit sa marche et cessa de suivre ses compagnons; puis il grimpa sur un arbre dont les branches pendaient au-dessus de l'eau; il m'examina avec attention et en manifestant les signes d'une extrême curiosité, comme s'il m'eût pris pour un géant de son espèce; il grinça des dents, dansa sur l'arbre et en secoua les branches avec une agilité et une force incroyables. Je le mis en joue et le fis tomber de l'arbre dans la rivière. Le ciel me préserve à jamais d'être témoin d'une pareille scène! Le malheureux singe n'était pas mort, mais mortellement blessé; je le pris par la queue, puis, le tenant de mes deux mains, je lui fis faire le moulinet et lui frappai la tête contre les bords du canot, pour mettre fin à son tourment; mais le pauvre animal respirait toujours, et, comme il me regardait de la manière la plus touchante que l'on puisse concevoir, je ne trouvai d'autre moyen, pour terminer ses souffrances, que de le tenir plongé sous l'eau jusqu'à ce qu'il fut noyé; mais pendant tout ce temps mon cœur saignait de douleur, car ses petits yeux mourans continuèrent de s'attacher sur moi, en paraissant me reprocher ma cruauté, jusqu'à ce que leur lumière fut entièrement éteinte et qu'il eut expiré. J'en éprouvai une telle émotion, qu'il me fut impossible de manger de cet animal ni de son compagnon, lorsqu'ils furent apprêtés, quoique les personnes de ma société trouvassent ce mets délicieux. »

L'ouarine, autre singe de l'Amérique, est, dit-on, si sauvage et si méchant, qu'on ne peut jamais le dompter ni l'apprivoiser; il mord affreusement, et excite la terreur par sa grande bouche; son aspect est féroce, et le son effrayant de sa voix ressemble en quelque sorte au bruit du tambour; on prétend qu'il se fait entendre d'une lieue.

Marcgrave raconte que « tous les jours,

matin et soir, les ouarines s'assemblent dans les bois; que l'un d'entr'eux prend une place élevée et fait signe des mains aux autres de s'asseoir autour de lui pour l'écouter; que dès qu'il les voit placés, il commence un discours à voix haute et si précipitée, qu'à l'entendre de loin on croirait que tous crient à la fois; que cependant il n'y en a qu'un seul, et que pendant tout le temps qu'il parle, les autres gardent le plus profond silence; qu'ensuite, lorsqu'il cesse, il fait signe de la main à ses camarades de répondre, et qu'à l'instant tous se mettent à crier ensemble, jusqu'à ce que par un autre signe de la main il leur ordonne de se taire; que, dans le moment, ils obéissent et restent muets; qu'enfin le premier reprend son discours ou sa chanson, et que ce n'est qu'après l'avoir écouté bien attentivement, qu'ils se séparent et lèvent la séance. »

Dexmelin rapporte aussi des choses singulières de l'ouarine. « J'étais curieux, dit-il, d'aller à cette chasse, et surpris de voir l'instinct qu'ont ces bêtes de connaître plus particulièrement que les autres animaux ceux qui leur font la guerre, et de chercher les moyens, quand ils sont attaqués, de se secourir et de se défendre. Lorsque nous nous approchions, ils se joignaient tous ensemble, se mettaient à crier, à faire un bruit épouvantable, et à nous jeter des branches sèches qu'ils rompaient des arbres. Il y en avait même qui faisaient leurs saletés dans leurs pates pour nous envoyer cela à la tête.... Lorsqu'ils sont blessés, et même mortellement, ils demeurent toujours accrochés aux arbres, où ils meurent souvent, et ne tombent que par pièces.... Mais ce qui me parut plus étonnant, c'est qu'au moment où l'un d'eux est blessé, on les voit s'assembler autour de lui, mettre

LE BOULE-DOGUE ET LE SINGE.

leurs doigts dans sa plaie, et faire de même que s'ils voulaient la sonder; alors s'ils voient couler beaucoup de sang, ils la tiennent fermée, pendant que d'autres apportent quelques feuilles, qu'ils mâchent et poussent adroitement dans l'ouverture de la plaie. Je puis dire avoir vu cela plusieurs fois, et l'avoir vu avec admiration. »

M. Moreau de St.-Merry rapporte, dans l'ouvrage de d'Azzara (t. II, p. 257), l'his-toire d'un sajou qui s'était attaché à lui, et qui le défendait comme un chien aurait pu le faire.

Les plus remarquables des singes que possède la ménagerie du Jardin du Roi, à Paris, sont le drill, nouvelle espèce de cynocéphale, le rhesus, le papion, le bonnet-chinois, l'ouanderou de Ceylan, et le macaque.

LE SINGE ET LE BOULE-DOGUE.

Nous allons dire ici un mot des singes en général. Dans différentes contrées de l'Inde, les anciens temples sont consacrés à leur servir d'asile; ils y sont nourris aux dépens du public. M. d'Obsonville rapporte que dans ses voyages il est quelque-fois entré dans ces temples pour se reposer, et que son costume indien ne leur inspirait aucune alarme; il en a vu plusieurs qui d'abord se sont mis à le considérer, et qui ensuite ont regardé attentivement la nourriture qu'il était sur le point de prendre.

Leurs yeux et leurs actions exprimaient leur penchant pour la gourmandise, et le violent désir qu'ils avaient de s'approprier une partie de ses alimens. Pour s'amuser dans cette circonstance, il se munissait toujours d'une certaine quantité de pois secs ; d'abord il en répandait quelques-uns auprès de celui qui était leur chef, car ces singes ont toujours un animal de leur espèce qui marche à leur tête : ce dernier en approchait avec circonspection, et les ramassait avec avidité. M. d'Obsonville leur en présentait ensuite une poignée, et, comme ils sont accoutumés à ne voir que des gens pacifiques, le chef approcha de lui en marchant néanmoins de côté, comme s'il se défiait de quelque stratagème dangereux ; puis devenant tout à coup plus hardi, il saisit le pouce de la main qui contenait les pois, tandis qu'il se mit à manger de l'autre, en tenant ses yeux constamment fixés sur ceux

de M. d'Obsonville. Si ce voyageur se mettait à rire ou remuait un peu, le chef des singes cessait de manger, et agitait ses lèvres en faisant entendre une espèce de murmure, dont ses longues dents canines qu'il montrait par intervalle expliquaient le sens. Lorsque M. d'Obsonville jetait de ses pois à quelque distance, il paraissait content dès que les autres les ramassaient, mais il corrigeait et battait quelquefois ceux qui s'approchaient de lui de trop près ; ses cris et ses sollicitudes, quoiqu'en partie causés par sa gourmandise, indiquaient la crainte qu'il avait que M. d'Obsonville ne profitât de leur faiblesse pour leur tendre un piége, et ceux qui s'approchaient de lui étaient des mâles très-forts et parvenus à leur état entier de croissance. Les jeunes et les femelles étaient toujours obligés de se tenir à une distance considérable.

Les soins et l'affection que les femelles,

dans un état complètement sauvage, prennent de leurs petits, sont remarquables et intéressans ; elles allaitent, nettoyent et caressent ces nourrissons avec une assiduité sans relâche ; puis, s'accroupissant sur les jarrets de derrière, elles prennent plaisir à les voir lutter ensemble, ou se poursuivre les uns les autres ; elles paraissent néanmoins les tenir dans une certaine contrainte, car toutes les fois que ces petits mêlent de la méchanceté à leurs jeux folâtres, elles les saisissent d'une main par la queue, et les corrigent très-sévèrement de l'autre : dans ces circonstances, les petits coupables cherchent à s'échapper, et quand ils sont hors de leur portée, ils reviennent d'une manière soumise et caressante solliciter leur pardon, quoiqu'ils soient enclins à retomber dans la même faute.

Ces animaux paraissent fort paisibles entr'eux dans leurs forêts ; lorsque des troupeaux de différentes espèces de ces quadrumanes viennent à se rencontrer, ils grincent des dents sans témoigner les moindres dispositions hostiles ; quelquefois néanmoins des maraudeurs essaient à chercher fortune dans les endroits dont un autre troupeau a pris possession, mais ils sont aussitôt repoussés. M. de Maisonpré et six autres Européens assistaient à une dispute de cette nature dans l'enceinte des pagodes de Chérinam. Un singe fort gros et très-fort s'y était introduit, mais il fut bientôt découvert : aux premiers cris d'alarme, un grand nombre de mâles se réunirent et coururent attaquer l'étranger ; celui-ci, quoique infiniment supérieur en taille et en force, vit le danger et se réfugia sur le sommet d'une pyramide de la hauteur de sept étages, où il fut immédiatement suivi ; mais, lorsqu'il fut parvenu au faîte de ce monument qui se terminait par un petit dôme, il s'y crampouna, puis, tirant avantage de sa position, il se saisit de trois ou quatre des plus audacieux et les précipita en bas. Ces preuves de valeur intimidèrent les autres, et après avoir fait beaucoup de bruit, ils jugèrent à propos de se retirer. Le vainqueur se maintint dans sa position jusqu'au soir, et se retira alors en lieu de sûreté.

Telle est la finesse de ces quadrupèdes, que s'ils voient une femme indienne faire sécher son grain au soleil, quelques-uns d'entr'eux s'en vont sautiller autour d'elle, et affecter de vouloir la voler; au moment où elle court pour les battre, d'autres, épiant cette occasion, se jettent sur le grain et l'emportent.

Il est peu de personnes qui ne connaissent les imitations burlesques, si justement appelées singeries, de ces animaux, ainsi que leurs traits de souplesse. Nous en voyons journellement dans les places publiques et les promenades de Paris, vêtus d'un habit, coiffés d'un chapeau, que leurs maîtres, auxquels ils gagnent la vie, ont appris à faire différens exercices, tels que de brosser les pantalons des hommes et les souliers des dames, puis de faire la quête poliment le chapeau à la main; on en voit un qui grimpe même le long des maisons pour aller recueillir ce que veulent bien lui donner les personnes qui sont aux fenêtres de leurs appartemens. Il en est un autre qui saute agilement sur le dos d'un caniche, lors même que ce chien est lancé au galop, et cela avec toute la grâce que peut mettre à monter ainsi à cheval le meilleur écuyer du cirque de Franconi.

Nous terminerons l'histoire de ces singuliers animaux, en racontant les particularités d'un combat qui eut lieu à Worcester, dans l'année 1799, entre un singe et un boule-dogue. Il se fit différens paris de trois

LE KANGURO.

guinées contre une que le boule-dogue tuerait le singe en six minutes, quoiqu'il fût accordé au singe un bâton d'environ un pied de long. Des milliers de spectateurs vinrent assister à ce curieux spectacle, et c'était à qui gagerait pour le chien qu'on avait la plus grande peine à retenir; à la fin, le propriétaire du singe, tirant de sa poche un gros bâton fort court, le jeta dans les pates de cet animal, en lui disant : « Allons, Jacquot, prends garde à toi, pense au boule-dogue ». Le chien, dès qu'on l'eut lâché, s'élança avec la férocité d'un tigre sur le singe; mais celui-ci fit, avec une agilité inconcevable, un saut d'une verge de long, et échappa à son adversaire; il se jeta ensuite à cheval sur lui, se cramponna avec ses dents sur son cou, tandis que de sa main gauche il empoignait une de ses oreilles pour l'empêcher de se retourner et de le mordre; dans cette posture, Jacquot frappa la tête du chien si durement et si lestement, que l'animal se mit à courir de toutes ses forces, à faire les cris les plus lamentables, et qu'on le délivra presque mort des griffes de son adversaire.

LE KANGURO.

Ce singulier animal habite la Nouvelle-Galles du Sud, où il a été découvert en l'année 1770 par le capitaine Cook; il a quelquefois près de neuf pieds de long depuis l'extrémité du museau jusqu'au bout de la queue, et on a vu des individus de cette espèce qui pèsent jusqu'à cinquante livres; son pelage est court et mollet, d'un gris rougeâtre, qui s'éclaircit sur les flancs et sous le ventre; il a la tête petite et allongée, les oreilles larges et droites, et le nez fourni de moustaches; son cou est petit ainsi que ses épaules. Cet animal augmente graduellement de volume vers les hanches et le bas-ventre. Les jambes de devant des plus grands kanguros ont environ dix-huit pouces, celles de derrière, trois pieds sept pouces de longueur; les premières servent à ce quadrupède à gratter la terre pour former son terrier, et à porter les alimens à sa bouche; il se meut entièrement sur les jambes de derrière en faisant des bonds de sept à huit pieds de haut. On ne lui compte à chaque pied que trois doigts, dont celui du milieu excède considérablement en longueur et en force les deux autres; mais l'interne est d'une structure remarquable:

en l'examinant de près, on remarque qu'il est réellement divisé dans le milieu et même à travers l'orteil qui lui appartient, de manière qu'ils paraissent avoir été séparés par un instrument tranchant.

La queue du kanguro est longue, épaisse à son origine, et se termine en pointe; il s'en sert pour sa défense, et porte avec cette arme des coups si violens, qu'ils seraient capables de casser la jambe d'un homme. Les habitans du pays considérèrent d'abord cette queue comme son unique moyen de défense; mais, ayant depuis chassé le kanguro avec des lévriers, ils ont reconnu qu'il se sert de ses griffes et de ses dents. Lorsqu'il est atteint et mordu par les chiens, il se retourne, et, les saisissant avec ses pates de devant, il les frappe avec celles de derrière qui sont extrêmement fortes, et les déchire à un tel point, que les chasseurs sont souvent obligés de les ramener au chenil pour les faire panser de leurs blessures. Les chiens de la Nouvelle-Galles chassent et tuent le kanguro ; mais ces animaux sont beaucoup plus forts et beaucoup plus féroces que nos lévriers.

Le kanguro se repaît ordinairement, à la manière des autres quadrupèdes, en se tenant sur les quatre pates ; il boit en lapant ; dans l'état de captivité, il s'amuse à faire des bonds en avant, et à frapper la terre avec beaucoup de violence de ses pieds de derrière : dans cette circonstance, il paraît comme appuyé sur la base de sa queue. Il est une particularité qui distingue surtout cet animal ; c'est la faculté qu'il a de séparer à une distance considérable les longues dents incisives de sa mâchoire inférieure : cette singularité néanmoins s'aperçoit aussi dans le *mus maritimus*, animal d'une espèce distincte.

La femelle a une poche abdominale destinée à protéger et conserver ses petits, et où ceux-ci, dans les momens de dangers, se réfugient comme dans un sûr asile ; quelques-unes de ces poches ont deux ou trois cavités, qu'elle peut fermer et ouvrir à volonté.

Dans l'état naturel, les kanguros paissent par bandes de trente ou quarante, et l'un d'entr'eux se place à une certaine distance des autres pour faire le guet. D'après Labillardière, il y a tout lieu de croire que ce sont des animaux nocturnes ; ils ont l'œil fourni de membranes clignotantes situées à son angle interne, et susceptibles de s'étendre au gré de ces quadrupèdes, de manière à couvrir tout l'orbite ; ils vivent dans des terriers.

En 1806, on voyait, dans les salles d'exposition à Exeter-Change, une couple de très-beaux kanguros, amenés du port Jakson dans la Nouvelle-Galles du Sud depuis six à sept ans ; le mâle, quand il se dressait, avait plus de six pieds de haut ; c'était un animal d'une force prodigieuse. « J'allai voir la ménagerie, dit M. Smith, et j'y fus témoin d'une lutte de ce beau quadrupède avec son gardien, pendant l'espace de dix à quinze minutes : il montra beaucoup d'intrépidité et de sagacité ; il se tournait en tous sens pour faire face à son adversaire, épiant avec soin l'occasion de le toucher, et quelquefois le colletant avec ses pates de devant, tandis que celles de derrière étaient occupées à lui frapper les cuisses. La lutte terminée, le kanguro se présenta de nouveau pour renouveler l'attaque, et ne retourna dans sa loge que lorsqu'on eut amené sa femelle pour le déterminer à rentrer. » La femelle, quoique beaucoup plus petite que le mâle, est un bel animal ; elle a eu cinq petits, dont quelques-uns sont empaillés et conservés parmi les autres curiosités de la ménagerie.

L'ÉCUREUIL.

L'ÉCUREUIL se fait admirer par l'élégance de ses formes et la vivacité de son humeur ; quoique naturellement sauvage, il est aisé à apprivoiser, et malgré son extrême timidité il devient bientôt familier. Voici comment M. de Buffon parle de ce petit quadrupède.

« Sa nourriture ordinaire sont des fruits, des amandes, des noisettes, de la farine et du gland. Il est propre, leste, vif, très-

L'ÉCUREUIL.

alerte, très-éveillé, très-industrieux; il a les yeux pleins de feu, la physionomie fine, le corps nerveux, les membres très-dispos. Sa jolie figure est encore rehaussée par une fort belle queue en forme de panache, qu'il relève jusque par-dessus sa tête, et sous laquelle il se met à l'ombre. Il est, pour ainsi dire, moins quadrupède que les autres animaux; il se tient ordinairement assis, presque debout, et se sert de ses pieds de devant comme d'une main pour porter à sa bouche : au lieu de se cacher sous terre, il est toujours en l'air; il approche des oiseaux par sa légèreté; il demeure comme eux sur la cime des arbres, parcourt les forêts en sautant d'un arbre à l'autre, y fait son nid, cueille les graines, boit la rosée, et ne descend à terre que quand les arbres sont agités par la violence des vents. Il craint l'eau plus encore que la terre, et l'on assure que, lorsqu'il lui faut la pas-

ser, il se sert d'une écorce pour vaisseau, et de sa queue pour voile et pour gouvernail. Il ne s'engourdit pas comme le loir pendant l'hiver; il est en tout temps très-éveillé; et, pour peu que l'on touche au pied de l'arbre sur lequel il repose, il sort de sa petite bauge, fuit sur un autre arbre, ou se cache à l'abri d'une branche. Il ramasse des noisettes pendant l'été, en remplit les troncs, les fentes d'un vieux arbre, et a recours en hiver à ces provisions; il les cherche aussi sous la neige, qu'il détourne en grattant.

« On entend les écureuils, pendant les belles nuits d'été, crier en courant sur les arbres les uns après les autres. Ils semblent craindre l'ardeur du soleil; ils demeurent pendant le jour à l'abri dans leur domicile, d'où ils sortent le soir pour s'exercer, jouer, faire l'amour et manger : ce domicile est propre, chaud, impénétrable à la pluie;

c'est ordinairement sur l'enfourchure d'un arbre qu'ils l'établissent; ils commencent par transporter des buchettes, qu'ils mêlent, qu'ils entrelacent avec de la mousse; ils la serrent ensuite, ils la foulent, et donnent assez de capacité et de solidité à leur ouvrage pour y être à l'aise et en sûreté avec leurs petits; il n'y a qu'une ouverture vers le haut, juste, étroite, et qui suffit à peine pour passer; au-dessus de l'ouverture est une espèce de couvert en cône, qui met le tout à l'abri, et fait que la pluie s'écoule par les côtés et ne pénètre pas. Ils produisent ordinairement trois ou quatre petits; ils entrent en amour au printemps, et mettent bas au mois de mai ou au commencement de juin. »

L'écureuil est un animal toujours aux écoutes, toujours aux aguets; lorsque le péril le force à quitter son nid, il parcourt une grande étendue de la forêt qu'il habite, jusqu'à ce qu'il soit parfaitement hors de danger. Après s'être éloigné de cette manière pendant quelques heures, à une distance considérable, lorsque l'alarme est passée, il revient à son gîte par des chemins impraticables pour tout autre quadrupède. En général, il saute de branche en branche, en franchissant de grands intervalles; et si parfois il est obligé de descendre d'un arbre, il va grimper au plus prochain, et le fait avec une prodigieuse facilité. On en voit dans les endroits les plus solitaires de la forêt de Villers-Cotterets.

Les écureuils se trouvent dans presque tous les pays; mais ils sont plus nombreux que partout ailleurs dans les contrées du nord et dans les pays tempérés.

« Les écureuils gris, dit M. de Buffon, causent beaucoup de dommages dans l'Amérique septentrionale, et surtout dans les plantations de maïs; ils montent sur les

épis, et les coupent en deux pour en manger la moelle : ils arrivent quelquefois par
centaines dans un champ, et le détruisent
souvent dans une nuit. Dans l'état de Ma-
ryland, chacun des habitans était obligé,
vers le milieu du siècle dernier, de four-
nir par an quatre écureuils, dont les têtes,
pour prévenir toute espèce de fraude,
étaient livrées à l'inspecteur-général du
pays; et, dans les autres provinces, toute
personne qui tuait un écureuil recevait
deux pences du trésor public. La Pensylva-
nie seule a payé, depuis janvier 1749 jusqu'à janvier 1750, une somme de huit mille
livres sterling en récompenses données pour
la destruction de ces animaux.

L'écureuil volant se distingue particulièrement par une membrane velue qui s'é-
tend presque tout autour de son corps, et

l'aide à sauter d'un arbre à l'autre, quelquefois à la distance de vingt ou trente verges. En sautant, ils écartent leurs jambes
de derrière, et étendent leur membrane la-
térale qui leur fait présenter plus de surface
à l'air, et les rend plus légers; ces membranes ne leur permettent point de se maintenir dans une ligne horizontale, vu le
poids de leurs corps, et qu'elles n'agissent
point par oscillations répétées comme les
ailes d'un oiseau; mais elles leur font l'effet
d'un parachute. On trouve de ces animaux
dans toutes les régions du nord de l'ancien
et du nouveau continent; mais ils sont plus
nombreux en Amérique qu'en Europe. Nous
voyons, à la ménagerie royale à Paris, deux
écureuils d'Amérique, l'écureuil des Pyré-
nées et l'écureuil de la Caroline.

LE LIÈVRE.

CET animal timide et sans méchanceté se trouve dans toutes les parties septentrionales du globe, et il est si généralement connu, que nous nous dispenserons d'en donner ici une description particulière. Il est bon de remarquer néanmoins, qu'à raison de ce qu'il se trouve dépourvu de tous moyens de défense, la nature lui a généralement donné des formes appropriées à ses dangers et à son genre de vie. Ainsi, la grandeur et la saillie de ses yeux le mettent à même d'apercevoir les objets de tous les côtés; ses oreilles longues et tubulées peuvent se mouvoir en tous sens avec beaucoup de facilité, et accueillent les sons les plus éloignés; enfin la force musculeuse de ses jambes de derrière lui donne le pouvoir de devancer tous ses ennemis. La couleur de son corps, qui ressemble à celle du chaume ou d'un terrain en friche, contribue évidemment aussi à la sûreté de ce quadrupède. On assure que, dans les contrées septentrionales, ils deviennent d'une blancheur éclatante, lorsque les neiges commencent à tomber; singularité qui les met en état d'arrêter, jusqu'à un certain point, les poursuites du chasseur. On a vu des lièvres blancs dans le midi de l'Angleterre, et l'on prétend qu'en 1797, on en tua un, dans le comté de Shrop, qui pesait neuf livres.

Comme les lièvres se tiennent le plus souvent en rase campagne, leurs pieds sont

LE LIÈVRE.

garnis de poils en dessus et en dessous; le soir, quand il fait clair de lune, c'est un plaisir de les voir jouer, courir, folâtrer ensemble et se poursuivre les uns les autres; mais ils prennent facilement l'alarme, et, au moindre bruit, ils fuient de différens côtés. Leur pas est une espèce de galop, ou une rapide succession de sauts; ils sont extrêmement véloces.

En général, les lièvres se nourrissent le soir, et dorment au gîte pendant le jour; l'hiver, leur instinct les porte à chercher un gîte exposé au midi, pour qu'ils puissent recueillir toute la chaleur possible de la saison; et en été, lorsqu'ils sont incommodés par les ardeurs du soleil, ils changent leur gîte pour en prendre un autre placé au nord; mais dans ces deux cas, ils ont toujours soin de choisir un endroit où les objets qui les environnent soient de la couleur de leur poil.

Les lièvres varient considérablement par la grosseur et par le poids : on prétend que les plus petits habitent l'île d'Ilai, et les plus gros l'île de Man. M. de Buffon assure que, plus le pays où ils se trouvent est froid, plus ils sont gros et pesans. Leur extrême timidité et leur crainte perpétuelle du danger les empêchent d'engraisser; mais, dans l'état de domesticité, ils prennent beaucoup d'embonpoint. « Ils se nourrissent principalement, dit le Pline français, d'herbes, de racines, de feuilles, de fruits, de grains, et préfèrent les plantes dont la sève est laiteuse; ils rongent même l'écorce des arbres pendant l'hiver, et il n'y a guère que l'aune et le tilleul auxquels ils ne touchent pas. »

On a observé que ces animaux pullulaient en tous temps, à l'exception seulement de deux mois dans les grands froids de l'hiver. La femelle porte un mois, et donne par portée deux ou trois petits, qu'elle allaite pendant trois semaines; mais au bout de ce terme, ils se séparent pour chercher leur nourriture, et établissent leur gîte à environ soixante ou quatre-vingts pas les uns des autres. Les détours que fait le lièvre lorsqu'il est poursuivi sont surprenans et curieux. Les différens stratagèmes auxquels il a recours pour échapper à son ennemi, annoncent un degré prodigieux d'instinct et de sagacité. Quand un de ces animaux a été chassé de près pendant un temps considérable, il lui arrive quelquefois d'expulser un autre lièvre de son gîte, et de prendre sa place; s'il est vivement poursuivi, il se mêle avec des troupeaux de moutons ou grimpe sur un vieux mur, et se cache sur son faîte dans l'herbe. « J'ai vu, dit Fouilleux, un lièvre « si malicieux, que depuis qu'il oyait la « trompe, il se levait du gîte, et eût-il été

« à un quart de lieue de là, il s'en allait « nager en un étang, se relaissant (c'est-à-« dire s'arrêtant et se couchant sur le ven-« tre) au milieu d'icelui sur des joncs, « sans être nullement chassé des chiens. »

« Mais c'est là, dit M. de Buffon, le plus grand effort de l'instinct des lièvres, car leurs ruses ordinaires sont moins fines et moins recherchées; ils se contentent, lorsqu'ils sont lancés et poursuivis, de courir rapidement, et ensuite de tourner et revenir sur leurs pas. En général, tous les lièvres qui sont nés dans le lieu même où on les chasse, ne s'en écartent guère; ils reviennent au gîte. »

Ces animaux sont très-doux et susceptibles d'éducation. Le docteur Townson, étant à Gottingue, prit tant de peine pour éduquer un très-petit levraut, qu'il réussit à le rendre plus familier que ne l'est ordinairement cet animal. Il devint bientôt si familier, qu'il grimpait et courait sur son sopha et sur son lit; quelquefois, dans ses jeux, il sautait sur lui, et le frappait avec ses pates de devant; ou, lorsqu'il était à lire, il lui faisait tomber son livre des mains : mais toutes les fois qu'un étranger entrait dans l'appartement, il manifestait des signes d'alarme.

On en voit dans diverses boutiques, à Paris, aller et venir sans crainte, manger dans la main de ceux qui leur présentent de la nourriture, coucher sur une chaise, au milieu des ouvriers, et se conduire en tout comme le chien et le chat de la maison, avec lesquels il fait société au point de les voir souvent tous trois blottis ensemble et reposant les uns sur les autres.

On peut donner, pour preuve de la docilité de cet animal, l'exemple d'un lièvre que l'on voyait, il y a quelques années, en Angleterre, et qui battait du tambour avec ses pates de devant, tandis que son maître faisait le tour de la salle avec cet instrument. Il semble surnaturel qu'un animal aussi timide ait pu être amené à soutenir la présence d'une assemblée qui le couvrait d'applaudissemens, et un éclat de lumières auquel il n'était nullement accoutumé : mais le fait est incontestable; et l'on a vu un lièvre aussi familier faire le même exercice en public à Paris, sur les boulevards, et de plus mettre le feu à un canon, sans que la détonation de l'arme le fît bouger de place.

Le lapin, quoique très-ressemblant par la forme et le caractère avec le lièvre, constitue cependant une espèce distincte. Le lièvre est très-fécond; la fécondité du lapin est encore plus considérable, car la femelle met bas sept fois par an, et elle donne sept à huit petits par chaque portée. On a calculé qu'en supposant que ces portées fussent régulières pendant l'espace de quatre ans, au bout de cet intervalle de temps, la progéniture d'une seule paire de ces animaux s'élèverait à près d'un million et demi de lapins.

Indépendamment de ce qu'ils nous servent de nourriture, les lapins sont encore dévorés par des bêtes de proie de toute espèce. Malgré ces obstacles à leur propagation, ces animaux, du temps des Romains, devinrent un fléau tellement redoutable dans les îles Baléares, que les habitans furent obligés d'employer le secours de la force militaire, et de se servir de furets qui arrêtèrent les progrès de cette calamité.

Voici une anecdote que nos Gazettes ont publiée : En 1824, un pauvre paysan des environs de Mantes, se voyait contraint de vendre la chaumière de ses pères pour satisfaire d'avides créanciers, lorsqu'il se trouva tout-à-coup libéré de ses dettes par le secours de la femelle d'un lapin. Voulant faire ses petits, cette bête gratta la terre pour y pratiquer son trou ; elle en fit sortir deux ducats d'Espague du seizième siècle. A cette vue, le bonhomme fouille et trouve la valeur de huit mille francs en cette même monnaie : il fouille de nouveau et ramasse encore trois livres pesant de ducats. L'empreinte de ces pièces fit voir qu'elles étaient enfouies depuis les guerres de Henri IV. On présume que c'était le trésor de quelque régiment espagnol qui aura été obligé de fuir.

Il fut décidé, dans la famille du paysan, que jamais l'animal précieux ne courrait la chance d'être mis en gibelotte, et que, non seulement on le laisserait mourir de vieillesse, mais qu'après sa mort on le ferait empailler avec soin, et qu'on le placerait dans le plus bel endroit de la cabane,

LE CHAMEAU.

pour perpétuer sa mémoire. Le juste hom-
mage de ces bonnes gens est une leçon qui
nous apprend, que quelque soit un bienfaiteur, on doit toujours garder le souvenir
du service qu'il nous a rendu.

LE CHAMEAU.

Les noms de chameau et de dromadaire
n'indiquent pas deux espèces différentes,
mais spécifient deux variétés, dont la première a deux protubérances sur le dos,
tandis que la dernière n'en a qu'une. La
hauteur du chameau est d'environ six pieds,
et son corps est couvert d'un poil brun ou
châtain; il a la tête courte, les oreilles petites, et un cou long incliné. Ce quadrupède
est encore remarquable par une forte cal-
losité au bas du poitrail, une à chaque
genou, et une dans l'intérieur de chaque
jambe; ses pieds sont plats et revêtus d'une
semelle dont l'intervalle n'est marqué que
par un sillon peu profond, ce qui procure
à cet animal la faculté de parcourir les
sables brûlans de l'Arabie sans être sujet
à avoir des crevasses à ses sabots.

« Les Arabes, dit M. de Buffon, regar-
dent le chameau comme un présent du ciel,
un animal sacré avec lequel ils peuvent
mettre en un seul jour cinquante lieues de
désert entre eux et leurs ennemis. Toutes
les armées du monde périraient à la suite
d'une troupe d'Arabes; aussi ne sont-ils
soumis qu'autant qu'il leur plaît. Qu'on se

figure un pays sans verdure et sans eaux, un soleil brûlant, un ciel toujours sec; des plaines sablonneuses, des montagnes encore plus arides, sur lesquelles l'œil s'étend et le regard se perd, sans pouvoir s'arrêter sur aucun objet vivant; une terre morte et pour ainsi dire écorchée par les vents, laquelle ne présente que des ossemens, des cailloux jonchés, des rochers debout ou renversés, un désert entièrement découvert, où le voyageur n'a jamais respiré sous l'ombrage, où rien ne l'accompagne, rien ne lui rappelle la nature vivante. Solitude absolue, mille fois plus affreuse que celle des forêts; car les arbres sont encore des êtres pour l'homme qui se voit seul : plus isolé, plus dénué, plus perdu dans ces lieux vides et sans bornes, il voit partout l'espace comme son tombeau. La lumière du jour, plus triste que l'ombre de la nuit, ne renaît que pour éclairer sa nudité, son impuissance, et pour lui présenter l'horreur de sa situation, en reculant à ses yeux les barrières du vide, en étendant autour de lui l'abîme de l'immensité qui le sépare de la terre habitée, immensité qu'il tenterait en vain de parcourir; car la faim, la soif et la chaleur brûlante pressent tous les instans qui lui restent entre le désespoir et la mort. »

Les chameaux sont domestiques dans différentes contrées du levant, et servent à porter de lourds fardeaux, à traverser des déserts sablonneux, travail que des chevaux ne pourraient pas faire. Le sable paraît être leur élément naturel; car à peine l'ont-ils quitté pour toucher la terre, qu'ils ne peuvent plus se tenir sur leurs pieds, et que les chutes fréquentes qu'ils font leur deviennent très-funestes.

La faculté qu'ils ont de s'abstenir de boire les met en état de cheminer sans interruption pendant sept, huit, et même quinze jours, dans des contrées absolument dépourvues d'eau, sans avoir besoin d'aucun liquide ; ils jouissent de la propriété de découvrir une source à la distance d'une demi-lieue , et après une longue abstinence , ils dirigent leurs pas vers cette source, long-temps avant que leurs conducteurs puissent se douter de l'endroit où elle est. Ils font un voyage de plusieurs journées, ayant pour nourriture quelques dattes sèches ou quelques boules de farine d'orge, ou enfin quelques misérables plantes épineuses qu'ils rencontrent dans les déserts. M. Denon nous apprend que dans tout le cours de son voyage en Égypte, les chameaux de la caravane n'avaient par jour qu'une simple ration de pois qu'il s'occupaient à mâcher soit en marchant, soit en restant couchés sur le sable brûlant, sans témoigner la moindre marque de mécontentement : la faculté étonnante qu'ils ont de s'abstenir de boire paraît être l'effet de leur structure interne.

Le second estomac étant, chez ces animaux , formé de nombreuses cellules de plusieurs pouces de profondeur, et dont l'orifice paraît susceptible d'une contraction musculaire, il est probable que le chameau, lorsqu'il boit, a le pouvoir de diriger l'eau dans ces cellules ou augets, et de l'empêcher de passer dans le premier estomac ; que par ce moyen une certaine quantité d'eau se trouve séparée des alimens, et qu'elle sert, quand il en est besoin, à les humecter dans leur passage au véritable estomac.

Lorsque les gens qui voyagent dans l'Arabie éprouvent une grande disette d'eau, ils prennent le parti de tuer un chameau pour obtenir celle qui est contenue dans son estomac, et qui est toujours salubre et douce.

La charge ordinaire des chameaux est de 1000 à 1200 livres, et avec ce fardeau ils traversent le désert en faisant dix à douze lieues par jour. Lorsqu'on est sur le point de charger ces animaux, ils plient aussitôt le genou au commandement de leur conducteur; quand il leur arrive de se montrer désobéissans, on les corrige à coups de bâton ou en leur tirant le cou; et alors, comme s'ils se sentaient oppressés, ils poussent un gémissement sourd, s'accroupissent contre terre, et restent dans cette posture jusqu'à ce qu'on leur ordonne de se relever. Ils traversent, malgré leurs pesans fardeaux, les rivières les plus profondes et les plus rapides, et il est très-rare qu'il leur arrive quelque accident, ainsi qu'aux personnes qui les montent; si on les surcharge, ils donnent des coups de tête aux gens qui les oppriment, et poussent quelquefois les cris les plus lamentables.

Les chameaux, quoique fort doux et fort traitables, sont excessivement sensibles aux injustices et aux mauvais traitemens, et conservent le sentiment d'une injure jusqu'à ce qu'ils trouvent l'occasion de se venger; quelque prompts qu'ils soient néanmoins à satisfaire leur ressentiment, ils n'en conservent aucun quand ils se sont fait justice, et il leur suffit même, dans ce cas, de croire avoir satisfait leur vengeance. Lors donc qu'un Arabe a excité la fureur d'un chameau, il jette à terre ses vêtemens dans un endroit où il sait que l'animal doit passer, et les dispose de manière à faire croire qu'ils couvrent un homme endormi; l'animal reconnaît les habits, les saisit entre ses dents, les secoue avec violence, et les foule aux pieds dans un transport de rage : quand sa colère est appaisée, il les laisse, et le propriétaire de ces vêtemens peut se montrer en toute sécurité.

Le dromadaire peut se passer de boire pendant sept ou huit jours, selon tous les voyageurs, et jusqu'à quinze selon Léon l'Africain. On maintient cette habitude même dans le temps de repos, en ne lui donnant à boire qu'à des époques éloignées.

« Quand les dromadaires sont lassés de l'impatience de leurs cavaliers, ils s'arrêtent quelquefois tout court, dit M. Sonini, se tournent pour les mordre en jetant des cris de rage ; le seul parti à prendre dans cette circonstance est de les flatter et de leur donner le temps de se remettre. »

Comme les éléphans, ces animaux ont des accès de fureur dans lesquels on les a souvent vus serrer un homme entre leurs dents, le renverser à terre et le fouler aux pieds. Lorsqu'on laisse ces quadrupèdes dans un gras pâturage, ils mangent, dans l'espace d'une heure, de quoi ruminer toute la nuit et se nourrir le lendemain ; il leur arrive très-rarement néanmoins de rencontrer de pareils herbages. Cette nourriture au surplus ne leur est pas nécessaire ; car, aux plantes les plus douces, ils préfèrent les épines, les orties, le genêt, la cassie, et autres végétaux dont les tiges sont piquantes.

« Le chameau, dit M. de Buffon, est plus anciennement, plus complètement et plus laborieusement esclave qu'aucun des autres animaux domestiques. Il l'est plus anciennement, parce qu'il habite les climats où les hommes se sont le plus anciennement policés ; il l'est plus complètement, parce que dans les autres espèces d'animaux domestiques, telle que celle du cheval, du chien, du bœuf, de la brebis, du cochon, etc., on trouve encore des individus dans leur état de nature, des animaux de ces mêmes espèces qui sont sauvages, et que l'homme ne s'est pas soumis ; au lieu que dans le chameau, l'espèce entière est esclave; on ne le trouve nulle part dans sa condition primitive d'indépendance et de liberté: enfin il est plus laborieusement esclave qu'aucun autre, parce qu'on ne l'a jamais nourri ni pour le faste, comme la plupart des chevaux; ni pour l'amusement, comme presque tous les chiens; ni pour l'usage de la table, comme le bœuf, le cochon, le mouton; que l'on n'en a jamais fait qu'une bête de somme, qu'on ne s'est pas même donné la peine d'atteler ni de faire tirer, mais dont on a regardé le corps comme une voiture vivante qu'on pouvait tenir chargée et surchargée même pendant le sommeil: car, lorsqu'on est pressé, on se dispense quelquefois de leur ôter le poids qui les accable et sous lequel ils s'affaissent pour dormir, les jambes pliées et le corps appuyé sur l'estomac: aussi portent-ils toutes les empreintes de la servitude et les stigmates de la douleur. »

A cette citation de M. de Buffon, nous en opposerons une extraite de l'ouvrage de MM. Lacépède et Cuvier, qui nous disent en parlant du chameau turc ou chameau de Bactriane : « Cet animal habite encore aujourd'hui dans les mêmes lieux que du temps des anciens, c'est-à-dire dans le Turquestan, qui est l'ancienne Bactriane. On en trouve aussi dans le Thibet et jusqu'aux frontières de la Chine. Pallas assure même qu'il y en a encore, dans ce dernier pays, de sauvages, qui sont plus grands et plus courageux que les domestiques. »

LE BUFFLE.

LE BUFFLE.

Cet animal a, dans l'ensemble de sa forme, une grande ressemblance avec le bœuf; mais il en diffère par les cornes et par quelques autres particularités dans sa structure interne : la longueur du buffle, d'après Sparrman, est d'environ huit pieds, et sa hauteur de cinq pieds et demi. Les membres de ce quadrupède sont, proportionnellement à sa grosseur, plus robustes que ceux du bœuf, et ses fanons descendent beaucoup plus bas; ses oreilles pendantes, qui ont environ un pied de longueur, sont couvertes en grande partie par les extrémités inférieures de ses cornes, qui décrivent une courbe, dont la partie convexe penche vers la terre, et les extré-

mités sont relevées : ces cornes sont singulières par leur forme et par leur position; leur base a treize pouces de largeur, et elles ne sont éloignées l'une de l'autre que d'un pouce, par un canal ou sillon qui les sépare ; elles prennent alors une forme sphérique, et s'étendent sur une grande partie de la tête.

Le poil de ces animaux est d'un brun obscur, et leur queue est courte et touffue à son extrémité; ils aiment à se vautrer dans la fange, et traversent à la nage les plus grands fleuves avec beaucoup de facilité. Leur bosse n'est pas, comme l'ont prétendu certains auteurs, une grosse loupe de chair, mais elle est occasionnée par des os qui obligent les articulations des épaules à prendre plus d'allongement que n'en ont celles des autres animaux.

Les buffles se trouvent le plus ordinairement dans les contrées brûlantes de l'Inde et de l'Afrique; mais ils ont été introduits dans quelques parties de l'Europe, où ils se sont naturalisés. Ils sont fort communs dans toutes les contrées orientales du globe, ainsi que dans l'Italie, et on en voit de nombreux troupeaux qui traversent, tous les matins, le Tigre et l'Euphrate. Ils marchent en se tenant serrés, et le bouvier qui les mène, et qui est monté sur l'un d'eux, se tient par fois debout, et parfois couché; et, si quelques-uns de ceux qui sont sur les côtés se dérangent, il marche légèrement de dos en dos pour les faire avancer et rentrer dans les rangs.

Le caractère du buffle est sauvage et perfide ; on le voit souvent se cacher dans les bois, et attendre l'approche de quelque malheureux passager, qui n'a d'autres moyens de lui échapper que de monter sur un arbre, s'il s'en trouve à sa proximité; la fuite lui deviendrait inutile, car il serait promptement atteint par cet animal furieux, qui, non content de terrasser et de tuer sa victime, se plaît à rester pendant un long intervalle de temps sur son corps, qu'il foule avec ses sabots, et qu'il froisse avec ses genoux. Non seulement il la déchire avec ses cornes et ses dents, mais il la dépouille de sa peau à force de la lécher.

Le professeur Thumberg nous apprend qu'au moment où lui et ses compagnons de voyage entraient dans un bois de la Cafrerie, ils aperçurent un gros buffle couché seul dans un terrain dépourvu de buissons; l'animal n'eut pas plus tôt vu le guide qui était à leur tête, qu'il s'élança sur lui en poussant un mugissement affreux: l'homme détourna aussitôt la bride de son cheval, et se mit derrière un gros arbre. Le buffle se jeta alors sur le cavalier qui était le plus proche du guide, et donna un coup de corne si furieux dans le ventre de son cheval, qu'il en mourut quelques instans après. Ces deux cavaliers grimpèrent aussitôt sur des arbres, et l'animal furieux courut vers le reste de la société, dont le professeur faisait partie, et qui s'avançait, mais à une certaine distance; ils étaient précédés par un cheval sans cavalier. Aussitôt que le buffle l'aperçut, il devint plus terrible qu'auparavant, et attaqua avec tant de fureur cet animal, que non seulement il lui plongea ses cornes dans le poitrail, mais qu'elles le percèrent de part en part, et traversèrent même la selle. Ce cheval fut en même temps lancé contre terre avec tant de violence, qu'il expira sur le champ, et qu'il eut plusieurs os fracassés. Le professeur ar-

riva dans ce moment; mais, comme le sentier qu'il suivait était fort peu spacieux, et qu'il n'y avait pas de place pour se retourner, il se trouva fort heureux de chercher un refuge sur un arbre passablement élevé. Cette précaution néanmoins lui devint inutile, car, après avoir tué le second cheval, le buffle prit aussitôt la fuite.

Quelque temps après, notre auteur et sa société découvrirent un grand troupeau de buffles qui paissaient dans la plaine; suffisamment instruits alors du naturel de ces animaux, et dans la certitude où ils étaient qu'ils n'attaquaient personne dans un endroit découvert, ils s'avancèrent à quarante pas d'eux et firent feu sur le troupeau. Les buffles, déconcertés par le feu de l'amorce et par la détonation du fusil, se réfugièrent dans les bois. Ceux d'entr'eux qui avaient été blessés se séparèrent du reste du troupeau, dans l'impuissance où ils étaient de pouvoir marcher avec les autres. Parmi ces blessés, était un vieux buffle qui s'élança avec furie sur les voyageurs. Ceux-ci savaient qu'à raison de la position des yeux de ces animaux, ils ne pouvaient guère voir en d'autres sens qu'en ligne droite, et que, dans une plaine découverte, si un homme se détournait de leur route et se jetait par terre à plat ventre, le buffle continuerait de courir devant lui, sans s'apercevoir qu'il avait manqué son but. La connaissance de ces particularités les préserva de toute espèce de mal. Telle était néanmoins la force de ce quadrupède, que, quoique la balle lui eût entré par la poitrine et eût pénétré une grande partie de son corps, il galopa plusieurs centaines de pas sans tomber.

Kolbe rapporte qu'un buffle, ayant été chassé par des Européens, au cap de Bonne-Espérance, s'élança sur un de ceux qui le poursuivaient, et qui avait une veste rouge; celui-ci, pour sauver sa vie, courut à la rivière, se jeta à l'eau, et s'enfuit en nageant; l'animal cependant le suivit de si près, qu'il ne lui resta d'autre alternative que celle de faire le plongeon; l'eau lui passa par conséquent par dessus la tête, et le buffle, l'ayant perdu de vue, se dirigea en nageant vers la rive opposée. Il l'aurait néanmoins insensiblement atteint, s'il n'avait été tué d'un coup de fusil qui lui fut tiré d'un vaisseau amarré à quelque distance de là. Les gens de l'équipage firent présent de la peau de ce buffle au gouverneur, qui la fit empailler et lui donna une place dans la collection de ses curiosités.

Les parties les plus précieuses du buffle sont les cornes et sa peau. La substance de ses cornes est tellement compacte, qu'elle est susceptible du plus beau poli, et sa peau est employée dans tous les ouvrages qui exigent un cuir très-fort et très-solide. Ce cuir est si épais et si dur, qu'on en fait des cuirasses et des boucliers à l'épreuve du coup de fusil.

La chair des buffles passe pour faire un excellent manger, et celle des jeunes est, dit-on, délicieuse ; les Hottentots, qui ne se donnent jamais beaucoup de peine pour préparer leurs viandes, la coupent en tranches, puis ils la fument, et la font griller à moitié sur des charbons. Souvent ils la mangent quand elle est passée à un état complet de putridité.

LA GIRAFFE.

La giraffe paraît avoir été connue des anciens ; Héliodore, évêque grec de Sicca, en parle ainsi :

« Les ambassadeurs d'Éthiopie amenèrent un animal de la grandeur d'un chameau, dont la peau était marquée de taches vives et de couleurs brillantes, et dont les parties postérieures du corps étaient beaucoup trop basses, ou les parties antérieures beaucoup trop élevées ; le cou était menu, quoique partant d'un corps assez épais ; la tête était semblable, pour la forme, à celle du chameau, et pour la grandeur elle n'était guère que du double de celle de l'autruche ; les yeux paraissaient teints de différentes couleurs ; la démarche de cet animal était différente de celle de tous les autres quadrupèdes, qui portent, en marchant, leurs pieds diagonalement, c'est-à-dire le pied droit de devant avec le pied gauche de derrière; au lieu que la girafe marche l'amble naturellement en portant les deux pieds gauches ou les deux droits ensemble. C'est un animal si doux, qu'on peut le conduire partout où l'on veut avec une petite corde passée autour de la tête. »

Les Romains, quand ils étendirent leurs conquêtes, connurent la girafe et en ornèrent leurs fêtes triomphales. Son nom antique *zurapha*, d'où vient son nom actuel de girafe, ne vint point jusqu'à eux. Ces farouches vainqueurs auraient craint, s'ils s'enquéraient des mœurs et des coutumes étrangères, d'affaiblir les ressorts de haine et de mépris qu'ils portaient aux barbares. La girafe passa dans leurs mains, pour la première fois, du temps de César, à titre de tribut; mais leur or-gueil repoussait tout document qui l'aurait concernée. Ils la nommèrent donc à leur manière, l'appelant *camelo-pardalis*, chameau-léopard : ils lui avaient en effet trouvé du rapport, premièrement, avec le chameau, par son volume, par quelques traits de sa physionomie, par son museau effilé, son long cou, ses lèvres prolongées et singulièrement mobiles, etc.; et secondement, avec la plupart des grandes panthères, par les taches de son pelage.

On trouve dans les auteurs du moyen âge, qu'en 1486, l'Égypte envoya une girafe à un duc de Médicis, régnant à Florence. Un de ces quadrupèdes a été amené, en 1507, au Grand-Caire; car le voyageur Baugmarten écrivait que, le 26 octobre de ladite année, en regardant par sa fenêtre, il aperçut la girafe, le plus grand animal qu'il eût jamais vu, en raison de son cou qui avait une coudée de long.

On n'avait jamais vu de giraffe vivante en France. Ce n'est pas que l'espèce soit décidément bien rare; mais, renfermée dans une vaste contrée coupée et bordée par d'immenses déserts, on a eu continuellement à lutter contre les difficultés de la sortir de son pays. On en trouve à la distance de quelques centaines de lieues de l'Égypte, comme à l'autre extrémité de l'Afrique, à quelques centaines de lieues du Cap. C'est donc un animal des parties centrales de l'Afrique, et, tant que nous ne connaîtrons que quelques points de la ceinture de cette vaste contrée du monde, une giraffe en Europe y intéressera tout autant par sa rareté que par les singularités de sa conformation.

De pauvres Arabes, sur la lisière des terres cultivées entre les deux grandes provinces du Sennaar et du Darfour, nourrissaient deux très-jeunes giraffes avec le lait de leurs chamelles. Le gouverneur du Sennaar les leur acheta, et les envoya en présent à Mehemet-Ali, pacha d'Égypte, qui s'empressa d'en offrir une au roi de France, et l'autre au roi d'Angleterre. Ces giraffes firent route d'abord à pied avec une caravanne qui se rendit du Sennaar à Siout, ville de l'Égypte supérieure, puis sur le Nil, de Siout au Caire. Le pacha les garda trois mois dans ses jardins, voulant leur donner le temps de se reposer et de raffermir leur santé; puis il les envoya par la voie du Nil à Alexandrie, où elles furent remises, l'une au consul de France, et l'autre au consul d'Angleterre : cette dernière a péri à Malte. La giraffe destinée au roi de France, embarquée sur un bâtiment sarde, arriva à Marseille le 14 novembre 1826, demeura dans les dépendances de l'hôtel du préfet jusqu'au 20 mai suivant, et elle est arrivée à Paris le 30 juin. Sur toute sa route, les curieux s'empressaient de voir *le bel animal du Roi*; c'est ainsi qu'elle s'entendit nommer en traversant la France.

Il est impossible de ne pas être frappé du port majestueux de ce quadrupède; sa taille est de douze pieds. Selon Levaillant, les mâles peuvent parvenir à dix-sept pieds de hauteur, et les femelles à treize ou quatorze. La giraffe que nous possédons est une femelle; elle avait vingt-deux mois lorsqu'elle débarqua à Marseille. Sa tête est pleine d'expression et de douceur; ses yeux sont grands, vifs et noirs; sa bouche est petite et recouverte entièrement par la lèvre supérieure; sa langue est longue, mince et noirâtre; l'animal la sort et la remue presque continuellement; il se sert de cet organe pour saisir les feuilles et les alimens dont il se nourrit. Sa robe est tigrée sur un fond fauve clair; le cou est ce qui surprend le plus par sa longueur qui est de cinq à six pieds; mais, comme il n'est point roide, et qu'au contraire on le voit très-mobile, quoique démesuré il ne semble point dépourvu de grâce.

La giraffe a une petite queue qui ne lui dépasse point les jarrets, et qui est garnie de poils noirs de sept à huit pouces de longueur à son extrémité. Ses jambes de derrière et de devant sont presqu'égales; elles ont à peu près cinq pieds de haut. On dit que cet animal peut faire six lieues à l'heure, et marcher pendant vingt-quatre heures sans se fatiguer. La femelle porte douze mois, et n'a jamais qu'un petit à la fois.

La nourriture de la giraffe se compose de feuilles d'arbres, et surtout de celles d'une espèce appelée *mimosa*, fort commune dans le pays où elle est née. Celle que nous possédons n'a été nourrie dans les

LE RENNE.

commencemens que de lait; maintenant on lui donne du maïs, des fèves et de l'orge : le lait est son unique boisson; les vaches, au nombre de trois, qui lui en fournissent, ont été amenées d'Alexandrie en même temps qu'elle. On la voit manger dans la main de ceux qui lui offrent quelque chose de son goût, et elle lèche comme un chien.

La giraffe est reconnaissante des soins qu'on lui donne : on rapporte qu'un voyageur en ayant pris une non loin des cataractes du Nil, cet animal conçut un si grand attachement pour son maître, que celui-ci ayant été tué par des Éthiopiens, la giraffe mourut bientôt de chagrin, malgré tout ce qu'on put faire pour la conserver.

LE RENNE.

La hauteur de ce quadrupède est en général de quatre pieds. La couleur de son poil est, sur le corps, d'un brun foncé, et sur le cou, d'un brun mélangé de blanc; mais à mesure que l'animal prend de l'âge, il devient d'une teinte grisâtre. L'espace qui sépare les yeux est toujours noir; une grosse touffe de poil pend à la poitrine, près de la gorge; ses sabots sont très-longs, fort larges et très-profondément fendus : la partie interne de ce sabot est couverte de poil. Les deux sexes de cette variété de quadrupèdes ont des cornes; mais celles du mâle sont beaucoup plus grandes : elles sont longues, grêles, branchues et munies d'andouillers.

Les rennes jettent leurs bois tous les ans; les rudimens des nouvelles cornes sont d'abord couverts d'une espèce de membrane laineuse aussi douce que le velours. La femelle porte huit mois, et donne ordinairement à la fois deux petits, qu'elle allaite et qu'elle soigne avec une tendresse vraiment maternelle : ils la suivent pendant l'espace de deux ou trois ans; mais ils n'acquièrent complètement leurs forces qu'au bout de quatre ans : à cet âge on les forme au travail, et on ne s'en sert que pendant l'espace de quatre ou cinq ans. On prétend qu'ils traversent à la nage les rivières les plus larges avec tant de rapidité, qu'un bateau muni de rames peut à peine les suivre.

Ces animaux marchent en bandes, et l'on en rencontre quelquefois des trou-

peaux. Dans l'automne, ils cherchent les montagnes les plus élevées pour se soustraire aux piqûres d'un insecte nommé le taon de Laponie, qui, à cette époque, dépose ses œufs entre les tégumens de leur peau, et leur donne assez souvent la mort. Du moment où l'une de ces mouches se fait voir, tous les rennes agitent leur tête, brandissent leurs cornes, et vont chercher un asile dans les neiges des monts les plus escarpés. Ils ont encore d'autres ennemis, parmi lesquels on compte les ours et les loups; mais souvent ils se défendent avec avantage contre ces animaux, et parviennent même à les écarter loin d'eux. L'été, ils se nourrissent d'une infinité de plantes; mais, l'hiver, ils broutent un végétal appelé *hépatique des rennes*, qu'ils déterrent adroitement de dessous la neige avec leurs pieds et leurs andouillers. Il est encore une autre espèce de lichen qui se trouve sur le tronc des pins en Laponie, et qui leur procure de quoi subsister lorsque la neige est trop épaisse pour leur permettre d'atteindre à l'hépatique.

Ce quadrupède remplace, chez les habitans de la Laponie, le cheval, la vache, la chèvre et la brebis : on peut dire qu'il constitue leur seule et véritable richesse. Son lait leur procure du fromage; sa chair, une nourriture plus substantielle; sa peau, des vêtemens; ses nerfs et tendons, des cordes pour leurs arcs et du fil; ses cornes, de la glu, et ses os, des cuillers. L'hiver, le renne leur tient lieu de cheval, en ce qu'ils l'attèlent à des traîneaux qu'il tire, sur les rivières, sur les lacs glacés et sur la neige, avec une vélocité étonnante.

Il est généralement reconnu qu'un Lapon, avec une paire de rennes attelés à son traîneau, peut parcourir cent milles en un jour; et les habitans de la Laponie assurent eux-mêmes que, dans l'espace de vingt-quatre heures, ils peuvent changer trois fois d'horizon, ou, en d'autres termes, qu'à compter de leur point de départ, ils peuvent passer successivement trois objets divers qu'ils ont alternativement aperçus à la plus grande distance que leur vue puisse atteindre. Le traîneau du Lapon est extrêmement léger, et a en quelque sorte la forme d'un bateau, muni d'un dossier contre lequel s'appuie celui qui le monte; son fond est convexe, et, pour l'empêcher de chavirer, le guide est obligé de le maintenir dans un parfait équilibre avec son corps et avec ses mains. Le Lapon, néanmoins, s'acquitte de cette tâche avec beaucoup de dextérité; aidé de son bâton, dont le bout est aplati, il éloigne facilement les pierres et les obstacles qu'il rencontre sur son chemin. A la flèche de ce traîneau est une espèce de collier auquel on attache le renne ; le mors consiste dans un morceau de cuir fixé par ses extrémités aux rênes de la bride, par-dessus la tête et le cou de l'animal ; une lanière de cuir passe sous son ventre, et vient s'attacher à la partie antérieure du traîneau. Cette espèce de plate-longe tient lieu de train. La personne qui conduit le renne l'excite avec un aiguillon, et l'encourage pour l'ordinaire en chantant des airs érotiques, pour lesquels les Lapons se sont rendus si justement célèbres.

Les rennes se trouvent dans le Groënland et dans le Spitzberg ; ils sont aussi très-communs dans les parties septentrionales de l'Asie qui s'étendent jusqu'au Kamschatka, où quelques-uns des riches naturels du pays en possèdent des troupeaux de cinq à dix mille.

LE CERF.

Le cerf est le plus beau de l'espèce des ruminans. L'élégance de ses formes, la flexibilité de ses membres et la grandeur de sa ramure, lui donnent une supériorité marquée sur tous les autres habitans des forêts. Ce quadrupède a l'œil d'une beauté remarquable et plein de feu, l'ouïe très-fine, et l'organe de l'odorat exquis ; sa voix devient plus sonore à mesure qu'il prend de l'âge. La tête du mâle seulement est armée de bois qui tombent vers la fin de février ou au commencement de mars : pen-

LE CERF.

dant les premières années, on n'aperçoit, sur celle des jeunes cerfs, qu'une petite protubérance couverte d'une peau mince et velue; la seconde année, leurs cornes sont droites et isolées; l'année suivante, elles produisent deux branches ou andouil-lers, et il en pousse une nouvelle tous les ans, jusqu'à ce qu'ils en aient six; ces animaux alors peuvent être regardés comme parvenus à leur dernier degré de croissance. Lorsque le cerf met bas sa tête, il s'enfonce dans les endroits les plus retirés et ne mange que la nuit; sans quoi les mouches s'attacheraient à la peau tendre ou à la tumeur qui occupe la place du bois, et causeraient à l'animal un tourment continuel : cette tumeur grossit de jour en jour jusqu'à ce qu'il pousse à chacun de ses côtés un andouiller, qui, ayant acquis de la force, prend le nom de dague; le cerf fait tomber la peau ve-

lue qui le couvre en se frottant contre les arbres.

La biche produit rarement plus d'un petit à la fois, et elle met bas vers la fin de mai ou au commencement de juin. Elle est obligée de prendre les plus grandes précautions pour cacher sa progéniture, parce que l'aigle, le faucon, l'orfraie, le loup, le chien, et toute la série de l'espèce féline, sont continuellement occupés à chercher sa retraite; le cerf lui-même est l'ennemi de ses nourrissons, et sa femelle prend autant de soin de les dérober à sa connaissance qu'à celle de ses plus dangereux ennemis. Elle se montre, à cette époque, douée d'un courage extraordinaire; elle emploie la force pour défendre ses petits contre ses adversaires les moins formidables, et lorsqu'ils sont poursuivis par les chasseurs, elle a recours à la ruse pour les détourner de l'objet principal de sa tendresse et leur faire prendre le change. On a vu des exemples de biches qui se sont fait chasser devant une meute de chiens pendant des heures entières, et sont ensuite revenues vers leurs faons après leur avoir sauvé la vie au péril de la leur.

On a raconté des anecdotes étonnantes de l'instinct courageux de cet animal ; en voici une extraite de l'ouvrage intitulé : *Le Cabinet du Chasseur*. Le duc de Cumberland, dans le dessein de connaître le courage du cerf exposé à la fureur d'un ennemi de l'espèce la plus terrible et la plus formidable, d'un tigre enfin, fit prendre un des cerfs les plus robustes de la forêt de Windsor, et on l'enferma dans une espèce d'arène établie sur un terrain choisi, entouré de filets extrêmement solides et hauts de quinze pieds. Cette expérience eut lieu dans la journée même des courses à cheval d'Ascot-Heat ; de sorte qu'elle eut pour témoins des milliers de spectateurs. Déjà tous les préparatifs étaient faits, et le cerf commençait à se pavaner dans une majestueuse stupéfaction à l'aspect imprévu d'un concours de monde immense, placé derrière les filets. Tous les cœurs, à ce moment terrible, palpitaient de surprise, de crainte et d'attente. Un tigre, dressé à la chasse et encapuchonné, fut introduit dans l'arène par deux nègres qui avaient soin de cette bête féroce, et qui, à un signal donné, lui découvrirent la tête et le mirent en liberté. Jamais peut-être un silence aussi profond ne régna parmi un aussi grand nombre de spectateurs ; le moindre souffle se fût fait entendre.

Le tigre, après avoir jeté autour de lui un coup d'œil général, aperçut le cerf ; il se coucha à l'instant sur le ventre, et s'avança en rampant comme un chat prêt à se jeter sur une souris, épiant l'occasion de s'élancer avec avantage sur sa proie. Le cerf, avec beaucoup de fermeté, de prudence et de sagacité, suivit de l'œil les mouvemens cauteleux de son adversaire, et fit autant de détours que lui; de sorte que ce terrible animal se trouva lui-même dangereusement exposé aux atteintes de ses formidables andouillers. C'est en vain que le tigre chercha à l'attaquer en flanc; le cerf ne se laissa pas surprendre. Ces animaux restèrent si long-temps sur la défensive, que la lutte commença à fatiguer les spectateurs, et qu'elle fut sur le point de dépasser l'heure où la course des chevaux devait commencer. Le duc de Cumberland demanda si, en irritant le tigre, il ne serait pas possible d'accélérer l'issue du combat, et, quoiqu'on lui répondît que toute provocation pourrait devenir dangereuse et entraînerait de funestes con-séquences, il n'en persista pas moins à donner l'ordre d'exciter l'animal; les gardiens, en conséquence, exécutèrent ce qui leur était commandé. Aussitôt le tigre, sans oser attaquer le cerf, fit un bond prodigieux, franchit le filet qui fermait l'enceinte, et s'échappa au milieu des clameurs et des cris d'une multitude effrayée. Chacun se mit à fuir de tous les côtés, croyant qu'ils allaient être victimes de la férocité de cette bête carnassière; l'animal cependant, sans s'occuper de leur crainte ni de leurs personnes, traversa le grand chemin, et se précipita dans la partie opposée de la forêt, où il sauta sur un daim et l'immola à sa férocité.

On a admiré, à Paris, au cirque Franconi, un cerf appelé Coco, qui divertissait singulièrement les spectateurs par une foule de gentillesses auxquelles il avait été très-spirituellement dressé.

Nous en avons vu un dans l'auberge de M. Cartier, à Villers-Cotterets, qui est tellement familier, qu'il vient dans la salle des voyageurs recevoir de leurs mains les friandises que l'on veut bien lui donner.

La ménagerie royale de Paris possède différentes espèces de cerfs. On y remarque surtout le cerf de Virginie, deux mâles et une femelle du grand cerf du Canada, qui est à peu près de la taille d'un cheval ; le cerf de la Louisiane, ainsi qu'un cerf du Bengale, qu'on croit être l'hippélaphe d'Aristote, et qui a été donné par M. de Montbron.

LE CHEVAL.

Le cheval, dans l'état de domesticité, se trouve dans toutes les parties du globe, à l'exception du cercle arctique, et c'est la plus belle conquête que l'homme ait jamais faite ; mais un célèbre écrivain a fait la remarque que, pour trouver ce noble animal dans son état naturel, il ne faut pas le chercher dans les pâturages où il a été confiné par l'homme, mais dans ces plaines immenses où il est né, où il n'éprouve aucune contrainte, et où il peut se livrer à tous les élans de la liberté.

Dans les déserts de l'Afrique et les pays isolés qui séparent la Tartarie des régions plus méridionales de cette partie du monde, on voit souvent ces quadrupèdes par trou-

LE CHEVAL.

peaux de cinq à six cents à la fois ; mais l'Arabie est la contrée où ils se trouvent dans le plus grand état de perfection : ils sont aussi chers aux Arabes que leurs propres enfans, et le commerce habituel, résultant de ce qu'ils vivent sous la même tente avec leur maître et sa famille, fait naître dans ce quadrupède une familiarité qui ne pourrait avoir lieu d'aucune autre manière quelconque, et une douceur que les bons traitemens seuls peuvent produire. Ce sont les animaux du désert les plus légers à la course, et ils sont si bien dressés qu'ils s'arrêtent au milieu du plus rapide élan pour peu que le cavalier le tienne en bride. Totalement étrangers à l'éperon, le moindre chatouillement de la pointe du pied les fait partir subitement et courir d'une vitesse extrême. Ils sont si dociles qu'ils se laissent mener et conduire à la baguette.

On a vu à Londres un cheval de course, nommé Childers, qui parcourait quatre-vingt-deux pieds et demi en une seconde ; degré de vitesse qui n'a pu être atteint par aucun autre animal de cette espèce. On en cite d'autres de ce pays capables de porter à la fois trente mesures de grains, pesant ensemble plus de neuf cents livres.

Malgré cette force prodigieuse, telle est la disposition naturelle du cheval, qu'il l'exerce rarement au détriment de son maître ; la Providence semble l'avoir doué d'un instinct bienveillant, de la crainte de l'homme, et en même temps de la conscience intime que ses services peuvent lui être avantageux.

On trouve néanmoins, dans un ouvrage du docteur Rolle, écuyer de Torrington, comté de Devonshire, un exemple d'un cheval qui s'est rappelé une offense, et qui a cherché à s'en venger. Un baronnet avait un cheval de course qu'il n'avait jamais pu fatiguer; un jour il voulut essayer s'il parviendrait à le lasser : après une longue chasse, il se fit servir à dîner, remonta ensuite à cheval, se mit à galopper par monts et par vaux. Lorsqu'il ramena son coursier à l'écurie, les forces de cet animal étaient tellement épuisées qu'il pouvait à peine marcher. Le palefrenier, doué de plus de sensibilité que son brutal de maître, fondit en larmes en voyant un si bel animal ainsi abattu. Quelque temps après, le baronnet étant entré dans l'écurie, le cheval, en le voyant, se jeta avec fureur sur lui; et, sans l'intervention du valet, il eût mis à jamais ce maître inhumain hors d'état de maltraiter·les animaux.

Les frères Franconi nous ont démontré mieux que personne au monde toute la docilité, toute la pénétration, toute l'intelligence du cheval, en même temps que sa grande souplesse et son extrême agilité. On a vu avec admiration dans leur cirque, à Paris, des chevaux non seulement faire des exercices incroyables, tels que franchir plusieurs autres chevaux rangés de flanc; traverser un tonneau suspendu à une certaine hauteur et fermé des deux côtés par du papier, ce qui par conséquent n'offre plus à l'œil un vide pour passage; mais on les voit encore aller chercher tout ce que leur maître leur commande d'apporter, et sur son ordre le lui apporter en marchant les jambes de devant ployées, c'est-à-dire à genoux. On les voit en outre danser en cadence, ou jouer un rôle dans certains mélodrames avec le sens exquis d'un parfait comédien. On se souviendra toujours du cheval gastronome, placé avec son maître, et, la serviette au cou, mangeant à la fourchette et buvant du vin dans un verre absolument comme un convive. Le cheval, que l'on a admiré sous le nom de *Phénix*, se distinguait aussi à ce théâtre comme étant réellement le phénix des chevaux.

Si l'on accordait la primauté aux créatures utiles sur celles qui ne sont que d'apparat, à coup sûr le cheval l'emporterait sur le lion pour le titre pompeux de roi des animaux. Et pourtant nous voyons le cheval, ce noble coursier dont l'homme est si fier tant qu'il lui est utile, nous le voyons, dis-je, abandonné à mesure qu'il avance en âge : tel qui dans ses beaux jours faisait rouler le carrosse d'un roi, ou était monté par des hommes illustres, finit souvent sa carrière attelé à un misérable fiacre. M. Léon de Chanlaire a écrit l'*Histoire du cheval de Napoléon*; nous n'avons point lu ce livre publié, en 1826, à Boulogne, par les frères Griset, et nous ne pouvons dire quel sort a éprouvé un tel coursier; mais nous avons connu le général Joubert, commandant en chef de l'armée d'Italie : eh bien! veut-on savoir ce qu'est devenu le cheval qui portait ce guerrier lorsqu'il trouva la mort au champ d'honneur à la bataille de Novi? Ce bel animal, dont le port majestueux et la noble allure lui avaient fait donner le nom de *Milord*, après être descendu de grade en grade, a fini par se voir relégué dans l'écurie d'un aubergiste du petit village de Gua (Charente inférieure). Nous avons contemplé, vers la fin de 1818, cet ancien compagnon d'un héros français; ni la vieillesse, ni l'adversité ne lui avaient ôté son allure guerrière et son pas martial; dans son abaissement, *Milord* se présentait encore de manière à faire juger qu'il était digne d'une meilleure fortune. Combien de ses compagnons de gloire sont tombés dans de pareils abandons! Non seulement l'espèce humaine est généralement ingrate envers les chevaux, mais parfois elle déploie à leur égard une espèce de prévenance affectueuse qui tient de la barbarie : dans les derniers jours de 1818, n'a-t-on pas fusillé à Londres cinq chevaux des écuries de la feue reine, parce qu'étant âgés de trente à quarante ans, ils se trouvaient hors de service, et qu'on ne voulait point les vendre, dans la crainte qu'ils ne fussent employés à des travaux ignobles! En vérité, certains chevaux de petits bourgeois ou de simples industriels sont mieux traités au déclin de leurs ans; on les soigne en raison de leurs anciens services, et du moins on les laisse mourir de vieillesse. C'est avec plaisir qu'on lit dans le journal le *Drapeau blanc*,

du 20 décembre 1822, qu'un cheval, qui travaillait depuis long-temps dans une fabrique en Angleterre, est mort paisiblement dans les écuries de la maison, parvenu à l'âge de soixante-deux ans.

Si des héritiers ont l'insouciance d'abandonner et quelquefois l'avarice de spéculer sur le cheval de bataille qui a perdu son maître, ce sont des torts individuels : rendons du moins justice à notre coutume française; elle autorise, elle exige même que le cheval du guerrier soit conduit honorablement par un valet de pied, en tête du deuil qui accompagne la dépouille mortelle de son maître au champ du repos. Cet usage annonce que la société voit, s'il est permis de s'exprimer ainsi, un membre de la famille dans le compagnon du défunt.

L'ANE.

L'ANE.

L'ANE ressemble tellement au cheval par sa conformation externe et interne, qu'on serait tenté de les croire de la même espèce; mais, en examinant attentivement l'un et l'autre de ces quadrupèdes, il est facile de se convaincre que la nature a tiré entr'eux une ligne de démarcation ineffaçable.

« L'âne, dit M. de Buffon, est, de son naturel, aussi humble, aussi patient, aussi tranquille, que le cheval est fier, ardent, impétueux; il souffre avec constance, et peut-être avec courage, les châtimens et les coups; il est sobre et sur la quantité et sur la qualité de la nourriture; il se contente des herbes les plus dures et les plus désagréables, que le cheval et les autres animaux lui laissent et dédaignent; il est fort délicat; il ne veut boire que de l'eau la plus claire, et aux ruisseaux qui lui sont connus; il boit aussi sobrement qu'il mange, et n'enfonce point du tout son nez dans l'eau, par la peur que lui fait, dit-on, l'ombre de ses oreilles. Comme l'on ne prend pas la peine de l'étriller, il se roule souvent sur le gazon, sur les chardons, sur la fougère, et, sans se soucier beaucoup de ce qu'on lui fait porter, il se couche pour se rouler toutes les fois qu'il le peut, et semble par là reprocher à son maître le peu de soin qu'on prend de lui; car il ne se vautre pas comme le cheval dans la fange et dans l'eau; il craint même de se mouiller les pieds, et se détourne pour éviter la boue : aussi a-t-il les jambes plus sèches et plus nettes que le cheval : il est susceptible d'éducation, et l'on en a vu d'assez bien dressés pour faire curiosité de spectacle. »

Dans l'état sauvage, ce quadrupède, tel qu'on le voit dans les déserts montueux de la Tartarie, les parties méridionales de l'Inde et de la Perse, et quelques contrées de l'Afrique, surpasse en beauté et en vivacité tous les animaux de la même espèce amenés à l'état de domesticité. La race espagnole des ânes est devenue, par des attentions et des soins soutenus, la première du monde, à raison de ce que ces animaux réunissent les avantages de la force et de l'élégance, et qu'ils parviennent quelquefois à la taille de cinq pieds. Les Romains avaient une espèce d'âne dont ils faisaient tant de cas, que Pline parle d'étalons de cette race qui se sont vendus plus de trois mille livres de notre monnaie; et le même auteur avait remarqué que dans la Celtibérie, province d'Espagne, une ânesse qui a mis bas était évaluée la même somme. Il paraît aussi, d'après les relations des voyageurs modernes, que les plus beaux ânes se vendent quelquefois cent guinées et au-delà.

On voit en Égypte et en Arabie des ânes dont la taille, les attitudes et les mouvemens ont une grâce étrangère même à ceux d'Espagne : leur marche est sûre et légère, leur allure aisée et pétulante; non seulement on leur fait porter la selle, mais les marchands mahométans, les plus riches particuliers, et les femmes du plus haut rang de ce pays, s'en servent pour monture. Il n'y pas long-temps que c'étaient les seuls animaux sur lesquels les chrétiens de tout rang et de toute qualité avaient le droit de paraître dans la capitale. « Tout le monde au Caire, dit Sonini, à l'exception des chefs militaires, va sur des ânes ; et dans cette ville, où les voitures ne sont point en usage, les dames du plus haut rang n'ont point d'autre équipage. L'on n'y en compte pas moins de quarante mille ; l'on y en trouve de tout sellés et bridés dans les carrefours, et on les loue comme nos carrosses de place. »

C'est en Égypte, au rapport de M. Denon, que ces quadrupèdes paraissent jouir de toute la plénitude de leur existence. Ils sont robustes, vigoureux, très-doux, et ont la marche sûre ; leur pas naturel est une espèce d'amble ou petit galop ; et l'âne enfin, sans fatiguer son cavalier, peut lui faire traverser très-promptement les plaines immenses situées dans différentes parties de cette contrée. Les pélerins mahométans les emploient dans leurs longs et pénibles voyages de la Mecque ; et les chefs des caravanes de la Nubie, qui mettent soixante jours à traverser de vastes solitudes, montent des ânes qui, à leur arrivée en Égypte, ne paraissent nullement fatigués.

L'opinion généralement reçue, que les ânes sont des animaux entêtés et insensibles aux bons comme aux mauvais traitemens, n'est nullement fondée ; nous en avons la preuve dans l'anecdote suivante, rapportée dans le *Cabinet des Quadrupèdes* de Church : « Un vieillard, qui vendait des légumes à Londres, se servait d'un âne chargé de paniers, qu'il menait de porte en porte ; il lui arrivait souvent de donner à ce pauvre animal une poignée de foin ou quelques morceaux de pain, et des herbages pour le rafraîchir et l'encourager. Cet homme n'avait besoin d'aucun aiguillon pour faire marcher son âne, et il lui arrivait rarement de lever la main sur lui. Ses bons procédés furent un jour remarqués d'une personne, qui lui demanda si sa bête n'était pas sujette à des caprices et à des entêtemens : « Ah! monsieur, ré-« pondit-il, je n'ai pas de reproches à lui « faire, car il est toujours prêt à marcher « et à aller où je veux ; je le nourris moi-« même ; quelquefois il est d'une humeur « folâtre : un jour, il s'est échappé loin de « moi ; plus de cinquante personnes cou-« rurent inutilement après lui pour le rat-« traper ; mais il revint, et ne s'arrêta que « lorsqu'il fut venu appuyer doucement sa « tête contre ma poitrine ».

On ne lira pas sans intérêt l'anecdote sui-vante, tirée des *Animaux célèbres* : « Beau-marchais, cet auteur dramatique dont les comédies ont joui d'une vogue étonnante, Beaumarchais vit un jour devant sa porte un pauvre grison chargé de légumes que vendait une jeune fille de campagne : l'a-nimal avait l'oreille basse, les os près de la peau ; il semblait faible sur ses jambes,

et cherchait de temps en temps à tirer la paille des sabots de sa conductrice, qui le renvoyait sans lui donner à manger. L'au-teur de *Figaro* en eut pitié ; il envoie un domestique acheter à la villageoise ses lé-gumes, fait approcher l'âne de la grille de la maison, et lui donne lui-même une botte de foin. C'était au commencement des temps révolutionnaires. Quelques momens après, un de ses voisins vint le prévenir qu'on se disposait à faire des visites domiciliaires chez les aristocrates, qu'il est rangé dans la classe des suspects, et que, s'il ne veut pas être arrêté, il doit fuir à l'instant. Beaumarchais hésite, se consulte, délibère, enfin laisse le temps aux gens armés d'in-vestir sa maison. Il se cache dans un pla-card dont l'ouverture était à peine visible. On entre, on cherche partout, on approche de son asile ; mais cette armoire échappe à l'œil des inquisiteurs : un seul homme entr'ouve sa cachette et le reconnaît... il se croit perdu : heureusement cet homme était son meilleur ami, qui, dans l'espoir de lui être utile, s'était mêlé parmi les sbires révolutionnaires. « On doit revenir cette « nuit, lui dit-il tout bas, tâchez de ne « pas les attendre ». Beaumarchais profite de l'avis ; et, dès que sa maison est libre, il s'esquive par son jardin. Mais il était nuit ; les rues étaient remplies de patrouilles : comment n'être pas arrêté ! Le plus sûr moyen était de sortir de Paris ; il y parvient en se glissant par une barrière mal gardée. Le voilà errant dans la campagne par une pluie abondante, sans savoir où trouver un gîte. Il frappe inutilement à plusieurs portes ; enfin il aperçoit une lumière dans une vieille masure ; il appelle et demande l'hospitalité. « Ah ! bien oui, dit un homme « qui se présente à la fenêtre ; à l'heure « qu'il est ! cherchez vos dupes ailleurs ».

Beaumarchais insiste, prie, promet de payer généreusement son hôte. « Passez « votre chemin, lui dit-on ». Il allait se retirer, lorsqu'il entend une jeune voix crier : « Ah ! mon père, ouvrez vite ; c'est « le bon monsieur qui a donné du foin à « notre âne ». Aussitôt la porte s'ouvre ; le fugitif est reçu, choyé ; il confie ses inquiétudes à ces cœurs reconnaissans, et se sert d'eux avec succès pour trouver le lendemain un asile plus commode et plus sûr. Il ne quitta pas ses hôtes sans aller à l'écurie visiter le pauvre baudet qui lui avait valu un accueil amical et aussi important dans une circonstance aussi critique.

Nous avons vu à Paris l'*âne savant*, qui répondait aux questions de son maître par le signe de la tête oui et non, absolument comme l'aurait pu faire une personne muette : il comptait avec le pied l'heure et les minutes que marquait une montre, il désignait dans la compagnie l'homme le plus jovial, la jeune fille la plus coquette, et faisait quantité d'autres scènes des plus divertissantes.

LA CHÈVRE.

Cet animal, vif et pétulant, occupe, après la brebis, le premier rang dans l'échelle des êtres; il a beaucoup de ressemblance avec cet utile quadrupède; mais il est plus courageux et plus approprié, sous tous les rapports, à une vie de liberté. La chèvre est facilement amenée à l'état de domesticité; elle se montre très-sensible aux caresses et susceptible de beaucoup d'attachement. « L'inconséquence de son naturel, dit M. de Buffon, se marque par la légèreté de ses actions; elle marche, elle s'arrête, elle court, elle bondit, elle saute, elle s'approche, s'éloigne, se montre, se cache ou fuit, comme par caprice, et sans autre cause déterminante que celle de la vivacité bizarre de son sentiment intérieur. »

Elle préfère les friches ou les terrains buissonneux à la plaine et aux prairies les plus fertiles; elle se plaît à grimper sur les monts les plus escarpés, sur les bords des précipices les plus effrayans, sur des rochers qui dominent la mer, et où elle dort en parfaite sécurité. On est tenté de croire, comme le fait observer M. Rey, que les pieds de cet animal sont conformés pour les entreprises périlleuses; car, en le consi-

LA CHÈVRE.

dérant attentivement, on remarque que la nature l'a pourvu de sabots qui, étant creux en dessous et munis de bords fort tranchans, rendent ce quadrupède capable de marcher aussi sûrement sur le faîte d'une maison que sur un terrain uni.

Le lait de la chèvre est doux, nourrissant et médicinal, moins susceptible de se cailler sur l'estomac que celui de la vache, et conséquemment préférable pour les personnes qui ont la digestion laborieuse. La chèvre donne ordinairement deux ou trois petits par portée; mais dans les climats chauds elle est plus féconde.

Sonini rapporte un exemple de la facilité avec laquelle les chèvres se laissent téter par des animaux beaucoup plus grands qu'elles, et d'un genre fort éloigné : « J'ai vu, en 1781, à Châtillon-sur-Seine, dit ce naturaliste, chez la femme Urgnette, un poulain dont la mère avait péri, être adopté et nourri par une chèvre que l'on faisait monter sur un tonneau afin que le poulain pût la téter avec plus de facilité. Il suivait sa nourrice aux pâturages comme il eût suivi sa propre mère, dont il retrouvait les soins et les sollicitudes dans la chèvre, qui l'appelait par des bêlemens empressés et inquiets lorsqu'il s'écartait d'elle ».

On ne lira pas sans intérêt l'anecdote suivante : lorsqu'après la chute de Robespierre, la France moins opprimée commença à respirer, la fille de Louis XVI, prisonnière dans la tour du Temple, éprouva aussi quelque adoucissement dans sa cruelle captivité. Ceux qui prirent les rênes du gouvernement permirent que les portes de la tour s'ouvrissent, et que la jeune princesse pût se promener dans le jardin. Là, elle donna ses soins à une chèvre qu'on lui avait procurée pour la distraire : la chèvre s'attacha bientôt à l'ange de douceur dont elle

féroce et sanguinaire, rend le chien sauvage redoutable à tous les animaux, et cède, dans le chien domestique, aux sentimens les plus doux, au plaisir de s'attacher et au désir de plaire; il vient, en rampant, mettre aux pieds de son maître son courage, sa force, ses talens; il attend ses ordres pour en faire usage; il le consulte, il l'interroge, il le supplie; un coup d'œil suffit; il entend les signes de sa volonté : sans avoir, comme l'homme, la lumière de la pensée, il a toute la chaleur du sentiment; il a de plus la fidélité, la constance dans les affections; nulle ambition, nul intérêt, nul désir de vengeance, nulle crainte que celle de déplaire; il est tout zèle, tout ardeur, et tout obéissance; plus sensible au souvenir des bienfaits qu'à celui des outrages, il ne se rebute pas par les mauvais traitemens; il les subit, les oublie, ou ne s'en souvient que pour s'attacher davantage; loin de s'irriter ou de fuir, il s'expose de lui-même à de nouvelles épreuves; il lèche cette main, instrument de douleur, qui vient de le frapper; il ne lui oppose que la plainte, et la désarme enfin par la patience et la soumission.

« Plus docile que l'homme, plus souple qu'aucun des animaux, non seulement le chien s'instruit en peu de temps, mais même il se conforme aux mouvemens, aux manières, à toutes les habitudes de ceux qui lui commandent; il prend le ton de la maison qu'il habite; comme les autres domestiques, il est dédaigneux chez les grands, et rustre à la campagne : toujours empressé pour son maître, et prévenant pour ses seuls amis, il ne fait aucune attention aux gens indifférens, et se déclare contre ceux qui, par état, ne sont faits que pour importuner; il les connaît aux vêtemens, à la voix, à leurs gestes, et les empêche d'approcher. Lorsqu'on lui a confié pendant la nuit la garde de la maison, il devient plus fier, et quelquefois féroce; il veille, il fait la ronde, il sent de loin les étrangers; et pour peu qu'ils s'arrêtent ou tentent de franchir les barrières, il s'élance, s'oppose, et, par des aboiemens réitérés, des efforts et des cris de colère, il donne l'alarme, avertit et combat : aussi furieux contre les hommes de proie que contre les animaux carnassiers, il se précipite sur eux, les blesse, les déchire, leur ôte ce qu'ils s'efforçaient d'enlever; mais, content d'avoir vaincu, il se repose sur les dépouilles, n'y touche pas, même pour satisfaire son appétit, et donne en même temps des exemples de courage, de tempérance et de fidélité. »

Cet utile animal se trouve dans l'état sauvage à Congo, dans l'Éthiopie inférieure, dans le midi et le nord de l'Amérique, à la Nouvelle-Hollande et dans différentes autres contrées du globe. La femelle porte environ soixante jours, et produit ordinairement de quatre à dix petits par ventrée : ces petits naissent communément les yeux fermés; leurs paupières ne sont pas simplement collées, mais adhérentes par une membrane qui se déchire lorsque le muscle de la paupière supérieure est devenu assez fort pour la relever et vaincre cet obstacle. D'abord ils sont d'une forme grossière, et imparfaitement dessinés; mais leur croissance est rapide, et ils acquièrent bientôt l'usage de tous leurs sens.

Il serait inutile de s'étendre sur la description ou sur les qualités supérieures de ces animaux si connus; il serait impossible aussi, dans le cadre de cet ouvrage, de donner l'énumération de toutes les variétés de chiens, ou de distinguer les marques par lesquelles chaque espèce est facile à discerner : nous nous contenterons donc de mettre sous les yeux de nos lecteurs des auecdotes authentiques, curieuses et amusantes, sur la sagacité, l'attachement et la fidélité de ces quadrupèdes.

Plutarque nous apprend qu'il fut témoin, à Rome, de l'étonnante sagacité d'un chien qui appartenait à un homme chargé de la mise en scène d'une farce dans laquelle il y avait un grand nombre de rôles qu'il s'était chargé d'enseigner aux acteurs, avec différentes caricatures convenables au sujet de la pièce et aux passions représentées. Parmi ces différens rôles à jouer, était celui d'un personnage qui devait prendre un poison soporatif, tomber, lorsqu'il l'aurait bu, dans une espèce d'assoupissement léthargique, et contrefaire les mouvemens d'une personne qui se meurt. Le chien, qui avait étudié différens autres gestes et postures, après avoir donné à celui-ci plus d'attention qu'aux autres, prit un morceau de pain qu'il trempait dans une boisson, et contrefit, après l'avoir mangé, un tremblement universel, puis des vertiges et des convulsions : s'étendant ensuite par terre, il y prit l'attitude d'un être privé de la vie, se prêta à ce qu'on le traînât hors de la scène pour être transporté dans le lieu destiné aux sépultures, comme le sujet de la comédie l'exigeait; appréciant ensuite le temps écoulé, il commença à se mouvoir comme s'il sortait d'un profond sommeil; puis, à l'étonnement de tous les spectateurs, il se leva, regarda autour de lui, et vint trouver son maître en manifestant le plus grand contentement, et eu lui prodiguant les caresses les plus affectueuses. Tous les spectateurs, et Vespasien lui-même, furent émerveillés.

Tout Paris a admiré l'inconcevable instinct, nous dirions même l'intelligence du fameux *Munito*, qui jouait aux cartes, aux dominos; indiquait l'heure que marquait une montre; recevait de quiconque voulait lui mettre à la gueule un échantillon d'étoffe, et trouvait ensuite dans la compagnie la dame dont la robe était de la même couleur que cet échantillon; et faisait mille autres exercices vraiment étonnans.

Au mois de décembre 1803, comme un gentilhomme anglais marchait le long du sentier qui conduit de Kennington à Camberwel, il distingua des enfans qui jouaient, et vit en même temps une petite fille tombée dans la Sarge, fossé qui ressemble à notre petite rivière de Bièvre qui se jette dans la Seine près le Jardin du Roi; il y courut accompagné d'un gros chien de l'île de Terre-Neuve; cet animal n'eut pas plus tôt aperçu l'enfant qui se débattait dans l'eau, qu'il s'y précipita, et que, la saisissant par les cheveux, il l'emmena près du sentier, où avec le secours de son maître, cette petite fille fut mise à terre, sans avoir éprouvé d'autre mal qu'un vomissement occasionné par de l'eau stagnante qu'elle avait avalé, et qui était si corrompue, qu'elle faillit la suffoquer. Ce gentilhomme la conduisit saine et sauve chez ses parens, et leur donna des avis salutaires sur le danger de laisser aller seuls des enfans dans un endroit aussi périlleux.

Nous avons vu à Paris une douzaine de ces chiens, que M. le comte Anglès, alors préfet de police, avait fait venir de l'île de Terre-Neuve, pour être répartis sur les rives de la Seine dans les divers établissemens qui existent pour porter du secours aux personnes en danger de se noyer. C'était un plaisir de les voir ramener à bord un mannequin habillé que chaque jour on précipitait au milieu de la rivière pour les entretenir dans cet utile exercice.

Les chiens du Mont Saint-Bernard ne

sent pas moins renommés pour leur utilité. On en cite un entr'autres, nommé *Barry*, qui a servi pendant douze années à l'hospice; il a sauvé la vie à plus de quarante personnes dans les chemins périlleux de ces glaciers éternels; son zèle était aussi admirable que l'instinct qu'il déployait en allant à la recherche des voyageurs égarés. Tout le long du jour, il courait en aboyant, et revenait surtout aux endroits les plus dangereux. Lorsque ses forces ne suffisaient pas pour retirer de dessous les neiges un homme tombé dans les ravins, ou engourdi par le froid sur la route, il retournait à l'hospice pour amener avec lui des religieux. Un jour, cet animal intéressant trouva un enfant à moitié gelé entre le pont de Dronaz et le glacier de Balsore : aussitôt il se mit à le lécher jusqu'à ce qu'il fût parvenu à le ranimer, et à force de caresses il engagea l'enfant à s'attacher à son corps. C'est ainsi qu'il porta comme en triomphe le pauvre petit à l'hospice. Lorsque l'âge eut ôté à Barry les forces dont il avait fait un si bel usage, le prieur du couvent, pour le récompenser de ses services, le mit en pension à Berne. Après sa mort, on l'a empaillé et conservé au musée de cette ville. On voit encore à son cou la petite phiole dans laquelle il apportait une liqueur fortifiante au voyageur qu'il découvrait dans les chemins de ce mont renommé dans toute l'Europe.

L'histoire a conservé le nom de *Wildbrat*, chien de Christian I, roi de Danemarck, qui lui resta fidèle dans un moment critique où il se vit abandonné de ses courtisans; et l'on sait que le grand Frédéric donnait le titre de son meilleur ami à un chien qui lui avait été très-utile dans une circonstance où il courait de grands risques à l'armée.

Le chien de l'infortunée reine de France mérite de trouver place ici : Marie-Antoinette avait une petite chienne, nommée *Thisbé,* qui l'avait suivie dans le triste séjour de la tour du Temple, et qu'elle aimait beaucoup, parce que, indépendamment de sa rare beauté, de son intelligence et de sa vivacité, elle était extrêmement douce et des plus caressantes. Lorsque cette princesse fut transférée à la Conciergerie, Thisbé, ne pouvant monter dans la voiture, courut pour la suivre, et ne la perdit point de vue; mais on ne la laissa point entrer dans cette autre prison. Ce fidèle animal attendit long-temps au guichet, où il fut maltraité par les soldats, qui lui donnèrent des coups de baïonnettes. Ces mauvais traitemens n'ébranlèrent point sa constance; il resta toujours près de l'endroit où était sa maîtresse, et lorsqu'il se sentait pressé par la faim, il allait dans quelques maisons voisines du palais de justice, chercher à manger, et revenait aussitôt après se coucher à la porte de la Conciergerie.

Mademoiselle Arnaud, jeune marchande de modes, prit un soin particulier de Thisbé, et l'accueillit au péril de sa tête; car c'était un crime alors de manifester quelque pitié pour tout ce qui restait attaché à la famille royale.

Lorsque la reine fut conduite à la mort, le fidèle animal suivit la charrette, comme s'il eût pressenti le sort funeste réservé à cette illustre princesse. Au moment du sacrifice, ses hurlemens lamentables annoncèrent sa douleur. Un révolutionnaire, irrité de la fidélité de ce chien, lui perça la cuisse d'un coup de pique. Le malheureux animal, quoique blessé, revint à la porte de la prison et y demeura constamment.

Ce beau trait d'attachement s'était répandu parmi le peuple, et tout le quartier parlait de Thisbé, connue sous le nom de *chien de la reine*. Mademoiselle Arnaud, craignant avec raison d'être arrêtée comme royaliste, et de devenir la victime de l'intérêt qu'elle témoignait à la petite chienne, la cacha chez sa sœur, dans une maison située sur le pont Saint-Michel.

Thisbé, se voyant ainsi renfermée loin des lieux qu'avait habités son auguste maîtresse, ne voulut point prendre de nourriture; elle devint sauvage, effarée, et, trouvant un jour une fenêtre de la chambre ouverte, elle se précipita dans la Seine et y périt.

La fille de Louis XVI et de Marie-Antoinette, présentement dauphine de France, en sortant de cette tour du Temple, emmena un chien qui avait été le compagnon de captivité de son jeune et auguste frère, et le seul témoin compatissant de ses longues souffrances à elle-même. L'extrême attachement de ce bon animal a causé sa perte, à Varsovie. Pour courir vers sa maîtresse, il s'élança d'un balcon du palais Poniatowski, et il expira sous les yeux de l'illustre Fille de France, qui le regretta beaucoup. Un petit monument est élevé dans les jardins de ce palais, pour conserver le souvenir d'un chien si aimant.

Nous citerons aussi ce trait d'un levrier du duc d'Enghien, qui, dans l'horrible catastrophe de son maître, déploya un instinct, nous serions presque tenté de dire un sentiment des plus admirables, si nous ne craignions pas de faire honte à l'espèce humaine. Ce chien suivit tous les mouvemens du prince dans la nuit fatale où l'on vint l'arrêter à Ettenheim; il ne le perdit pas de vue un seul instant, quoique repoussé de tous côtés par les soldats de Buonaparte. On le tint écarté du bateau qui transportait le duc de l'autre côté du Rhin; mais il passa le fleuve à la nage pour ne point abandonner son maître. Ce fut le seul être qu'on permit à l'illustre captif d'emmener lorsqu'il quitta la citadelle de Strasbourg; ce fut le seul consolateur qu'on lui souffrit dans le donjon de Vincennes.

Aussitôt qu'après l'inique arrêt, ce jeune Bourbon eut tombé sous le plomb meurtrier, il fut précipité dans la fosse creusée la veille, et on roula une pierre énorme sur sa tête... Les hurlemens du chien furent épouvantables, ils semblaient reprocher aux hommes leur férocité..... Ce fidèle animal ne voulut plus quitter la tombe, où il poussait sans cesse des cris lamentables, indices certains du chagrin qui le consumait. Le commandant de la forteresse en prit soin tant qu'il vécut : un jour, on le trouva expiré de douleur sur la tombe. De braves gens, qui déploraient le triste sort du jeune prince, conservèrent les dépouilles du pauvre chien qu'ils firent empailler, et il a été ainsi transmis à M. le marquis de Bethisy, noble compagnon d'armes du duc d'Enghien.

M. Antoine Chambelland, auteur de la vie du prince de Bourbon-Condé, rend compte du trait suivant : « Au commencement de l'année 1795, l'armée condéenne allait prendre ses cantonnemens près de Rothembourg. A un froid excessif avait succédé un dégel subit qui rendait les chemins impraticables. Quelques légions à pied marchaient avec difficulté dans un ravin étroit et tellement plein d'eau, que chaque homme en avait jusqu'à la ceinture; une masse de glaces et de neiges fondues, vomies sans doute par quelques sources montagneuses, fut tout-à-coup charriée avec une telle rapidité dans les ravins, qu'il n'y eut plus d'autre moyen de salut qu'en gravissant après les tertres qui bordaient la route. Un tambour traînard, qui n'avait pas vu le danger, se trouvait alors dans la partie basse du ravin; il fut bientôt entraîné par les eaux. Son chien s'aperçoit de sa détresse, court à la nage, le saisit par ses vêtemens, et l'amène près d'un saule, où du moins il peut résister au torrent en s'accrochant à une branche. Par malheur la branche casse, et le tambour retombe dans le torrent toujours grossissant et de plus en plus impétueux. Son chien, qui avait lutté avec des efforts inouis contre les flots et les monceaux de glaces, le saisit encore et le ramène au même endroit. Plus heureux cette fois, le pauvre submergé se suspend à une branche moins faible, mais pas assez forte pour qu'il puisse s'en servir pour se hisser au-dessus du terrain, et il demeure dans cette cruelle situation. Alors l'animal nageur, s'emparant du mouchoir de son maître, cherche et trouve quelques points saillans qui le conduisent à un sentier étroit; il s'y élance, et ce signe à la gueule, il va à chaque personne qu'il rencontre, le lui fait remarquer par les démonstrations les moins équivoques, et ne cesse pas d'implorer du secours jusqu'à ce qu'on l'ait compris, et qu'enfin on arrive au-dessus du monticule auprès duquel il a laissé son maître. On parvient à retirer ce malheureux, et il était temps, car ses forces défaillantes ne lui permettaient plus de garder sa pénible attitude. A quelques jours de là, ce tambour fut désigné au prince qui lui dit : « Comment s'appelle ton chien? « — La Flûte, monseigneur. — Eh bien! « appelle-le *Fidèle*; il mérite de porter ce « nom, dont chaque émigré s'honore ».

Dans ses intéressans *Mémoires*, madame la marquise de La Roche-Jaquelein nous dit que les chiens des paysans vendéens servaient d'éclaireurs à ces braves armées pour la cause royale, et ne manquaient jamais d'accourir les prévenir de l'arrivée des détachemens républicains, qu'ils savaient distinguer à leur uniforme. Il est dit, dans les *Réflexions militaires* de Santa-Crux, qu'en 1702, Philippe V fit nourrir à Porto-Hercole et au fort de l'Étoile, des chiens qui surveillaient les Autrichiens en garnison à Orbitello et au fort Saint-Étienne. Le roi d'Angleterre Georges II avait donné une pension alimentaire à un lévrier, nommé *Mustapha*, qui, à la bataille de Fontenoi, resté seul auprès d'une pièce de canon, s'empara de la mèche encore allumée entre les mains de son maître qui venait d'être tué, mit le feu à la pièce, et renversa soixante-dix hommes qui s'avançaient pour s'en emparer.

Nous terminerons l'énumération des étonnantes qualités du chien, par deux anecdotes extraites des *Annales européennes*, et où l'on verra que le caractère aimant et sensible de cet animal a fait, par momens, réfléchir sur le cruel fléau de la guerre, l'homme extraordinaire qui s'y est par trop livré dans ces derniers temps.

Lors de la mémorable bataille de Castiglione, et au moment où les Français, ayant rompu les rangs des Autrichiens, les poursuivaient avec une ardeur sans égale, Buonaparte arrive à l'endroit où le combat venait d'être le plus opiniâtre. Parmi des monceaux de cadavres, un seul être vivant s'offre à sa vue; c'était un barbet. Ce fidèle animal avait les deux pattes de devant appuyées sur la poitrine d'un Autrichien; ses longues oreilles couvraient ses yeux fixés sur ceux de son maître, qui n'était plus. Le barbet était absorbé par l'objet de son attachement, et le bruit ne pouvait ni distraire son attention, ni changer son attitude. Le vainqueur, frappé de ce spectacle, arrête son cheval, et montre à ceux qui étaient autour de lui l'animal qui attire ses regards. Le chien quitte un instant son attitude, porte les yeux sur Buonaparte, et reprend sa première posture; mais il y avait eu dans son coup d'œil une éloquence muette, que le langage ne saurait exprimer : il semblait avoir adressé au guerrier le reproche le plus douloureux. Buonaparte donne sur-le-champ l'ordre de suspendre le carnage.

Voici le second trait, qui arracha au conquérant des paroles que les historiens se sont plu à recueillir. Le champ où se livra la bataille de Bassano était couvert de soldats ennemis tués. Curieux d'apprécier par lui-même la perte des ennemis, Buonaparte le parcourait, le soir, acccompagné de son état-major. Tandis qu'avec cette froide impassibilité que donne l'habitude de la guerre, ces officiers évaluaient le nombre des hommes sacrifiés dans cette journée, de cette foule silencieuse s'élèvent tout-à-coup des gémissemens, des hurlemens, qui augmentent à mesure qu'on approche du point d'où ils sortent : c'étaient ceux d'un chien fidèle à son maître et qui veillait sur le cadavre d'un soldat. La sensation que produisit l'aspect de ce pauvre animal sur ces officiers, fut aussi prompte que l'éclair. Rappelés à des sentimens naturels, ils virent enfin des victimes là où ils ne comptaient que des masses d'ennemis de moins. « Messieurs, leur dit Buo- « naparte, en interrompant ce triste dé- « nombrement, messieurs, retirons-nous; « ce chien nous donne une leçon d'huma- « nité. »

LE CHAT.

Le chat sauvage, d'où proviennent toutes les variétés du chat domestique, se trouve en Europe et en Asie; on le rencontre aussi quelquefois dans les parties couvertes des bois peu fréquentés.

Il a la tête et les membres plus gros que ceux du chat domestique; sa couleur est d'un fauve pâle, mêlé de longues raies brunes, dont celles qui sont sur le dos sont marquées en long, et celles sur les côtés transversalement et dans une direction courbée; sa queue est plus large que celle du chat domestique, et annelée de cercles tirant sur le noir : la femelle met bas dans des creux d'arbre, et donne quatre petits par ventrée.

On prend les chats sauvages dans des trapes, ou on les tire à coups de fusil. Dans ce dernier cas, il est dangereux de ne pas les tuer roides; car, s'ils ne sont que blessés, ils se jettent sur le chasseur, et ils sont d'une si grande force et d'une telle agilité qu'il est difficile d'en triompher. Il existe, au village de Bannboro, dans le comté d'Yorck, une tradition d'un combat terrible qui eut lieu un jour entre un homme et un chat sauvage. Les habitans du pays assurent que cette lutte commença dans un bois contigu à ce village, et qu'elle se prolongea jusque sous le porche de l'église, où elle se termina d'une manière funeste pour les combattans;

LE CHAT.

car ils moururent tous deux des blessures qu'ils s'étaient mutuellement faites.

Jamerai-Duval, ce petit pâtre qui devint un savant par le désir qu'il eut de s'instruire et l'espèce de ténacité qu'il déploya pour s'en procurer tous les moyens; Duval, disons-nous, s'avisa de déclarer la guerre aux animaux de la forêt de Lunéville où il menait paître les vaches que possédaient les bons ermites au service desquels il se trouvait, et cela dans le seul dessein de profiter de la dépouille des bêtes qu'il chassait pour acheter des livres et des cartes géographiques. Il contraignit les renards, les fouines et les putois, à lui céder leurs fourrures, qu'il allait vendre à un pelletier de Lunéville. Un jour, il aperçut sur un arbre de la forêt un gros chat sauvage, dont la riche fourrure excita vivement sa convoitise. Résolu de s'en emparer à quelque prix que ce fût, il

grimpa sur l'arbre, et, voyant que l'animal se retirait à l'extrémité des branches pour l'éviter, Duval s'avisa de couper un bâton sur l'arbre, dans le dessein de l'en assommer. Il lui porta en effet un grand coup sur la tête; mais le chat l'esquiva, et, s'étant jeté à terre, se sauva à toutes jambes. Notre chasseur, plutôt que de manquer sa proie, fait le même saut, le poursuit et le serre de si près, que l'animal, sur le point d'être pris, se réfugie dans un arbre creux. Duval, redoublant d'ardeur, se couche par terre, et manœuvre si bien de son bâton au bas de l'ouverture, que le chat, se sentant vivement pressé, s'élance enfin hors de sa retraite pour prendre de nouveau la fuite, et se jette précisément entre les bras de son ennemi. Celui-ci fit alors les derniers efforts pour étouffer cette bête, qui, devenue furieuse, et se trouvant encore la tête libre, s'accrocha aux cheveux de Duval, en lui appliquant plusieurs morsures des plus meurtrières. L'intrépide chasseur ne lâcha point prise, et, malgré la douleur qu'il ressentait, il tira le chat si fortement par les jambes, qu'il l'arracha de dessus sa tête qui en resta tout écorchée, et l'écrasa ensuite contre un arbre. Tout fier de sa victoire, il suspend le chat à son bâton, et s'en retourne chez lui. Ses maîtres, le voyant tout en sang, en furent effrayés : « Ce n'est rien, mes pères, leur « dit-il; lavez-moi la tête avec du vin « chaud, j'en guérirai; et en leur montrant son chat : Voyez ma récompense ».

Les chats sont très-bons chasseurs eux-mêmes; en Angleterre, on a vu parfois les chats domestiques passer à l'état sauvage, faire alors des dégâts considérables dans les faisanderies, et détruire plus de gibier que tous les animaux de proie.

Nous en avons vu un dont les maîtres ont une charmante habitation sur les bords du canal de l'Ourcq, et qui leur apporte assez souvent des poissons qu'il va pêcher lui-même. Le chat de M. Stanley est renommé chez les Anglais comme un pêcheur sans pareil; on l'a vu prendre des truites en s'élançant dans un courant d'eau, au milieu de Weaford, près de Lichtfield.

Quoiqu'il ne montre pas pour l'homme un attachement aussi affectueux que le chien, le chat n'est dépourvu ni de douceur, ni de reconnaissance : M. Pennant en cite un exemple remarquable dans l'histoire de Londres. Henri Wriothsly, comte de Soupthampton, ami et compagnon d'armes du comte d'Essex dans sa fatale insurrection, ayant été pendant quelque temps renfermé à la Tour, fut un soir fort surpris de la visite de son chat, qui pénétra jusqu'à lui en descendant par la cheminée de son appartement.

On a vu des chattes allaiter des petits chiens, des petits écureuils ; mais la plus extraordinaire de ces adoptions, est celle d'un jeune rat qui fut ainsi élevé par une chatte, dans la maison de M. Greenfield. Le fait était si curieux, que ce gentilhomme amusa de ce singulier spectacle les nombreuses sociétés qui fréquentaient sa maison, en faisant placer dans son salon le lit de sa chatte ; on se plaisait à en sortir les petits chats, ainsi que le rat qui se trouvait au milieu d'eux, et on les étendait sur le parquet : la chatte, en les reportant, prenait autant de soins et de précautions pour le rat que pour ses autres nourrissons. Elle l'avait pourtant attrapé et apporté à ses petits avec d'autres souris ; celles-ci avaient été croquées ; mais le jeune rat s'étant attaché à une mamelle de la chatte qu'il se mit à téter sans façon, la bonne bête l'avait non-seulement épargné, mais elle lui avait continué cette affection surnaturelle.

La maréchale de Luxembourg avait un superbe angora qui l'accompagnait dans toutes ses promenades ; et lorsqu'au jardin des Tuileries elle s'asseyait sur un banc, c'était un spectacle amusant de voir comment son chat accueillait à coups de griffes les chiens par trop familiers qui s'approchaient pour faire connaissance avec un tel camarade, qu'ils étaient tout étonnés de rencontrer là ou dans les belles avenues des Champs-Élysées.

LE COCHON.

Ce quadrupède est en général un être innocent, et il ne se repaît que d'animaux privés de la vie, ou qui ne sont capables d'aucune résistance; il fait en grande partie sa nourriture de végétaux, mange la chair la plus putride : on lui croit cependant l'appétit plus glouton qu'il ne l'a réellement; il choisit du moins les plantes de son goût avec autant de sagacité que de délicatesse, et ne s'empoisonne jamais comme les autres animaux pour ne pas savoir distinguer les alimens salubres de ceux qui sont malsains. Quelque concentré dans lui-même, quelque indocile, quelque vorace qu'on le suppose, aucun animal n'a plus de sympathie pour les êtres de son espèce; du moment qu'un cochon donne un signal de détresse, tous ceux dont il est entendu volent à son secours : on a vu de ces animaux se réunir autour d'un chien qui harcelait un de leurs compagnons, et le tuer sur le lieu même. Si un mâle et une femelle, qui ont été renfermés dans un toit étant jeunes, se trouvent ensuite séparés, la femelle dépérit à vue d'œil dès le moment de cette séparation, et meurt de tristesse.

Les formes de cet animal sont très-sagement assorties au genre de vie qu'il mène : comme il ne peut se procurer sa subsistance qu'en retournant la terre avec son groin, il a le cou fort et membru; les

LA TRUIE CHASSERESSE.

yeux petits et placés très-haut dans la tête; le museau long et calleux, et le sens de l'odorat exquis. Dans quelques contrées, on l'emploie à chercher des truffes qui croissent dans les terres à quelques pouces de la superficie : partout où il s'arrête et se met à fouiller avec son boutoir, on est sûr de trouver des truffes.

Les différens cochons savans que l'on a fait voir dans divers pays, offrent la preuve incontestable que ces animaux ne sont pas dépourvus d'un certain degré de sagacité naturelle. L'exemple suivant d'ailleurs confirmera cette vérité d'une manière vraiment curieuse.

Un garde-chasse de sir Henri Mildmay dressa une truie noire à guetter le gibier et à le tenir en arrêt; *Slut* est le nom qu'il lui donnait; elle avait le nez aussi fin que le meilleur chien couchant. Après la mort de sir Henri, cette truie chasse-resse fut vendue pour une somme considérable; mais il est à présumer que le secret de dresser les truies à la chasse est mort avec son inventeur.

La durée de la gestation de la truie est de quatre mois; elle a une très-forte ventrée qui s'élève quelquefois à vingt petits. Les cochons vivent un temps considérable, et souvent même de vingt-cinq à trente ans. Leur chair, quoique très-nourrissante, à raison de ce qu'elle ne se digère pas aussi facilement que celle des autres animaux, passe pour être malsaine, surtout pour des personnes qui mènent une vie sédentaire.

Le cochon d'Éthiopie se distingue du cochon ordinaire par deux loupes ou deux bandes semi-circulaires placées au-dessous des yeux : il se trouve dans les contrées les plus chaudes et les plus incultes de l'Afrique. Depuis le Sénégal jusqu'au Kamtschatka, les habitans de ces pays ont le plus grand soin de s'éloigner de la retraite de ces animaux, à raison de ce que leur naturel sauvage les porte quelquefois à s'élancer sur les passans et à les mutiler.

Le docteur Sparmann fut témoin, pendant son séjour en Afrique, de la manière curieuse dont ces animaux prennent la défense de leurs petits quand on leur fait la guerre; il suivit plusieurs de ces nourrissons accompagnés de vieilles laies, dans l'intention de les tuer; mais, quoiqu'il eût échoué dans son entreprise, cette chasse lui procura beaucoup de plaisir. La tête des femelles, qui d'abord lui avait paru d'une moyenne grosseur, lui sembla tout-à-coup plus grosse et plus difforme qu'elle ne l'était réellement : cette différence provenait de ce que chacune de ces laies avait pris dans la fuite un de ses petits, et le portait dans sa gueule. Un autre sujet de surprise pour lui fut de s'apercevoir que tous les marcassins avaient profité de la chasse qu'il donnait à leur mère, pour fuir d'un autre côté, et se cacher de manière à se soustraire à ses poursuites.

Terentius Varron rapporte qu'Énée avait une truie qui mit bas à Lavinium trente pourceaux blancs, d'une seule portée. On tira un présage de cette circonstance, et l'événement justifia ce qui avait été pronostiqué. Trente ans après, les habitans de Lavinium bâtirent la ville d'Albe. A l'époque où Varron écrivait, il disait : « On peut encore voir aujourd'hui des ves-« tiges de cette truie et de ses pourceaux « à Lavinium, où leurs statues en bronze « sont exposées aux regards du public, « et où les prêtres montrent le corps de la « mère, qu'ils ont conservé dans de la « salure ».

LE FURET.

Cet animal ne nous est connu que dans l'état domestique; mais il paraît, d'après les meilleures autorités, qu'il est originaire d'Afrique, d'où il a été importé en Espagne, à raison de son inimitié pour les lapins; on l'y a employé à délivrer ce pays de la multitude innombrable de ces animaux dont il était infesté. En effet, si l'on expose un lapin mort devant un jeune furet, il le saisit avec une extrême avidité, et ce n'est qu'avec beaucoup d'efforts qu'on parvient à lui faire quitter prise : si on lui présente un lapin en vie, il s'élance sur lui avec une précipitation étonnante, lui enfonce ses dents dans le cou, enlace son corps autour du sien, et reste dans cette position tant qu'il peut en obtenir une goutte de sang.

Le furet, dans l'état domestique, n'est pas susceptible d'attachement; il est facile à irriter, et il se jette fréquemment sur la main qui le nourrit.

La femelle de ce petit quadrupède est si vorace et si avide de sang, qu'elle dévore souvent sa progéniture entière, qui se compose de sept à huit petits, et il y a eu des exemples de furets qui ont fait mourir des enfans dans le berceau.

La race du furet étant sujette à dégénérer dans ces pays, on la croise avec celle du putois, et l'on se procure, par ce mélange, une espèce très-courageuse, trèshardie et très-féroce, qui participe beaucoup de la nature du mâle, et qui est d'une couleur plus foncée que celle de la femelle.

Comme le furet est originaire des pays situés sous la zone torride, il n'est pas en état de supporter les rigueurs des grands froids : dans l'état domestique, il demande beaucoup de soins et de ménagemens; c'est pour cette raison qu'on lui procure ordinairement une niche garnie de laine avec laquelle il se fait un lit très-chaud, où il dort la plus grande partie du jour. Lorsqu'on le lâche dans des terriers, on le muselle, afin qu'il ne tue pas les lapins, et qu'il les oblige seulement à sortir et à se jeter dans les filets qui sont tendus à l'ouverture de ce terrier; il arrive quelquefois que le furet se dégage de sa muselière, tandis qu'il est dans le terrier; alors on court risque de le perdre, parce qu'après avoir sucé le sang du lapin, il s'endort, et il est impossible de le réveiller et de le recouvrer. La méthode ordinairement employée pour faire revenir le furet est d'enfumer le terrier. Si ce moyen ne réussit pas, il y reste et se nourrit des lapins qu'il peut trouver; mais il y périt l'hiver.

Ce petit quadrupède est très-utile dans les moulins, les granges et les greniers, en ce qu'il est très-actif à poursuivre les rats et les souris, qui s'enfuient dès qu'ils sentent l'odeur que son corps exhale. Un très-jeune furet a l'audace d'attaquer un rat très-fort, qui quelquefois le traîne de côté et d'autre pendant un temps considérable avant de succomber. On a souvent essayé de vouloir garder ces animaux à bord d'un vaisseau, pour détruire les rats, qui sont si préjudiciables aux navires eux-mêmes et à leur cargaison; mais ce genre de vie leur convient si peu, qu'il est très-rare de les y conserver un certain espace de temps.

Le putois est plus fort que le furet, il est également l'ennemi juré du lapin. Goldsmith assure avoir vu cent lapins qu'un putois avait tués de suite, et cela en leur faisant une blessure qui était à peine visible. « Cet animal, dit M. de Buffon, se glisse dans les basses-cours, monte aux volières, aux colombiers, où, sans faire autant de bruit que la fouine, il fait plus de dégât; il coupe ou écrase la tête à toutes les volailles, et ensuite il les transporte une à une et en fait un magasin. Si, comme il arrive souvent, il ne peut les emporter entières, parce que le trou par où il est entré se trouve trop étroit pour que le corps d'un pigeon y passe, il se contente d'en emporter les têtes. Il est aussi fort avide de miel; il attaque les ruches en hiver, et force les abeilles à les abandonner. »

Dans l'hiver, lorsque les putois ont de la peine à trouver de la nourriture dans les bois, ils établissent leur résidence dans le voisinage des maisons; on les a vus creuser leurs terriers près des villages, et résister à tous les efforts qu'on avait faits pour les extirper. L'été, néanmoins, ils demeurent dans les bois ou dans les fortes bruyères, où ils creusent des terriers de cinq à six pieds de profondeur.

Le putois paraît être originaire des climats tempérés; on le trouve rarement au nord et dans les pays chauds; sa fourrure, quoique moelleuse et chaude, est peu estimée à raison de son odeur désagréable. Mais l'exhalaison du putois n'est rien en comparaison de celle du coas, animal qui est à peu près de la même grosseur, et qui est aussi un grand destructeur de volailles dont il ne mange que la cervelle. Sa mauvaise odeur est son principal moyen de défense; quand on le poursuit, s'il se trouve serré de trop près, il décharge en l'air son urine pour qu'elle retombe sur les chasseurs; elle est d'une nature si violente, qu'elle cause la cécité de tous ceux qui en reçoivent quelques gouttes dans les yeux; si elle tombe sur les habits, il est de toute impossibilité qu'on puisse continuer de les porter : les chiens eux-mêmes perdent de leur ardeur lorsque cette étrange batterie est dirigée contre eux; ils tournent le dos à l'animal, le laissent maître du terrain, et il n'est pas d'excitations qui puissent les ramener à la charge. Le coas est originaire du Mexique, et on le trouve principalement dans les cavernes et sous les excavations de rochers où la femelle met bas ses petits. Sa nourriture se compose, en général, d'escarbots, de vers et de petits oiseaux.

Dans la relation de ses voyages, le professeur Kalm dit : « En 1749, il vint un de ces animaux près de la ferme où je logeais; c'était en hiver et pendant la nuit, les chiens étaient éveillés et le poursuivirent; dans le moment, il se répandit une odeur si fétide, qu'étant dans mon lit, je pensai être suffoqué; les vaches beuglaient de toutes leurs forces... Sur la fin de la même année, il s'en glissa un autre dans notre cave; mais il ne répandit pas la plus légère odeur, parce qu'il ne la répand que quand il est chassé ou pressé. Une femme, qui l'aperçut la nuit à ses yeux étincelans, le tua, et dans le moment il remplit la cave d'une telle odeur, que, non seulement la femme en fut malade pendant quelques jours, mais que le pain, la viande et les autres provisions que l'on conservait dans cette cave, furent telle-ment infectés, qu'on ne put rien en con-server et qu'il fallut tout jeter dehors. »

FIN.

A L'AIGLE, de l'Imprimerie de P. F. BREDIF.

À la Librairie pour la Jeune
CHEZ
BELLAVOINE, QUAI DES AUGUSTINS